5G丛书

读懂通信行业——信息通信业务运营精讲

徐秀珍　刘雪艳　万晓榆　编著

机 械 工 业 出 版 社

从技术原理上夯实技术知识基础，迎接技术迭代升级；从业务管理上了解行业运营管理，提升行业底层逻辑认知，帮助信息通信相关行业从业者全方面读懂，理解通信行业。

本书从通用的运营管理基本理论入手，深入精讲信息通信业务运营管理的流程框架和内容体系，信息通信业务运营管理的具体领域包括：运营战略管理、运营管理体系、业务与产品管理、客户关系管理、供应商与合作伙伴管理以及资源管理，帮助读者提升对通信行业底层逻辑的认知。

本书可作为广大有兴趣了解信息通信行业发展及业务运营的读者的参考书籍，也可作为通信技术及其他相关专业本科生、研究生学习通信技术及业务运营知识的学习用书。

图书在版编目（CIP）数据

读懂通信行业：信息通信业务运营精讲/徐秀珍，刘雪艳，万晓榆编著. --北京：机械工业出版社，2024.4. --（5G丛书）. -- ISBN 978 - 7 - 111 - 75011 - 6

Ⅰ. TN929.538；F49

中国国家版本馆 CIP 数据核字第 2024LW5256 号

机械工业出版社（北京市百万庄大街 22 号　邮政编码 100037）
策划编辑：林　桢　　　　　　　　责任编辑：林　桢
责任校对：杜丹丹　李可意　景　飞　封面设计：鞠　杨
责任印制：常天培
河北虎彩印刷有限公司印刷
2025 年 6 月第 1 版第 1 次印刷
184mm×240mm·13.25 印张·1 插页·331 千字
标准书号：ISBN 978-7-111-75011-6
定价：99.00 元

电话服务　　　　　　　　　　　网络服务
客服电话：010-88361066　　　机　工　官　网：www.cmpbook.com
　　　　　010-88379833　　　机　工　官　博：weibo.com/cmp1952
　　　　　010-68326294　　　金　书　网：www.golden-book.com
封底无防伪标均为盗版　　　机工教育服务网：www.cmpedu.com

前　言

信息通信行业是国民经济的一个重要门类，是提供网络和信息服务、全面支撑经济社会发展的战略性、基础性和先导性行业。党的十八大以来，我国信息通信行业取得了跨越式发展，基础设施能力大幅提升，信息通信技术加速迭代，行业治理能力显著提升，业务融合应用蓬勃发展，安全保障能力不断增强，数字经济发展已经成为国家经济结构调整的重大战略。国家《"十四五"信息通信行业发展规划》指出加快网络强国和数字中国建设，推进信息通信行业高质量发展，并为信息通信行业指明了新形势、新使命、新动能、新空间、新要求和新挑战。

从行业自身看，随着信息通信技术与经济社会融合步伐的加快，信息通信行业在经济社会发展中的地位和作用更加凸显，新阶段、新特征和国家战略安排，要求信息通信行业承担攻克相关领域技术难题、培育壮大国内新型消费市场、促进完成全球信息通信领域紧密联动的历史使命，需要行业完善管理体制和思路，实现网络和业务转型。这些都需要有与之相匹配的新型业务运营管理体系的支撑才可能有效地实施和实现。因此本书将从信息通信企业业务运营管理的视角，介绍信息通信服务提供商如何通过信息通信业务运营管理基础和创新活动，为国民经济各行业数字化转型赋能和为广大消费者提供优质的信息产品服务。

运营管理是一门具有广泛性、综合性、应用性、实践性和技术性等特点的管理学科，它要解决企业组织在开展基本活动时的日常运营管理方面的问题。信息通信企业与其他企业的运营管理在基本理论方面具有相同的共性。同时，由于信息通信行业自身的特殊性，其运营管理的具体实践与方法又具有其特殊性。在本书中，我们将在介绍通用运营管理基本理论的基础上，引入信息通信运营管理的业务管理流程和内容体系，重点阐述信息通信企业在运营战略管理、运营管理体系、业务与产品管理、客户关系管理、供应商与合作伙伴管理以及资源管理等运营活动的业务流程和创新思路。本书共分为7章，包含了行业动态、主要目标、理论知识、实践操作以及课后思考等环节，旨在帮助读者全面了解信息通信业务运营管理的各个方面。同时，每章还提供了案例分析，以帮助读者巩固所学知识，提高分析和解决问题的能力。

本书为系列图书，共分为技术原理和业务运营两册，可作为广大有兴趣了解信息通信行业发展及业务运营的读者的参考书籍，也可作为通信技术及其他相关专业本科生、研究生学习通信技术及业务运营知识的学习用书。本书在编写过程中，力求做到内容丰富、结构合理、理论与实践相结合，以满足不同层次读者的需求。希望通过对本书的学习，读者能够掌握信息通信业务运营管理的基本理论和方法，提高自身的专业素养，为服务网络强国、数字中国建设奠定坚实的基础。

感谢重庆邮电大学经济管理学院前院长万晓榆教授，本书从规划、组织到撰写无不凝聚了万教授的心血；感谢重庆邮电大学刘雪艳、陈奇志、陈思祁、张洪、任志霞、袁野等老师对本书撰写所付出的努力和支持，他们的专业知识、丰富经验和前期精心完成的材料为本书的顺利完成提供了强大支撑；感谢参与本书工作的同学们，从素材的收集、整理到成稿校对付出了大量精力。感谢机械工业出版社编辑林桢老师，在本书的出版过程中给予的大量支持帮助。

感谢信息通信行业这片沃土，我们的很多理论和案例都源于真实的企业实践。本书得到了重庆邮电大学本科金课项目（名称：通信组织与运营管理，编号：XJKHH2020-30）、重庆邮电大学校级课程思政示范建设项目（名称：通信组织与运营管理，编号：XKCSZ2205）、重庆市教育科学规划课题（名称：高等教育系统网络安全体系建设策略研究，编号：K22YD206082）、重庆市高等教育教学改革研究项目（名称：大数据与人工智能背景下精准化课程思政的实现路径研究，编号：223178）、重庆邮电大学教育教学改革研究项目（名称：新时代"大思政课"实践教学体系构建研究，编号：XJG23240）的大力支持，属于课题的重要研究成果。

最后，也要感谢广大读者的支持和信任，希望本书能为您的学习和工作带来帮助。

徐秀珍

目　　录

第1章

信息通信运营管理概述

行业动态

- 5G 网络可提供千兆位速度、更大的容量和超低时延。这意味着在业务繁忙的地方和室内将更容易传输视频，获得好的信号，并且全新的商业和消费者应用将成为可能。5G 使用率在领先市场不断上升，2022 年全球 5G 总连接数达到 10 亿。GSMA 预计到 2025 年，5G 连接数将占总移动连接数的 1/4。

- 6G 网络将提供一个地面无线与卫星通信集成的全连接世界。在全球卫星定位系统、电信卫星系统、地球图像卫星系统和 6G 地面网络的联动支持下，地空全覆盖网络将能帮助人类进行远程医疗、远程教育，以及预测天气，快速应对自然灾害等活动。6G 通信技术的意义是实现万物互联这个"终极目标"。6G 的数据传输速率可能达到 5G 的 50 倍，时延缩短到 5G 的 1/10。

- 物联网（Internet of Things，IoT）技术是信息科技产业的第三次革命。物联网是指通过信息传感设备，按约定的协议，将任何物体与网络相连接，同时物体通过信息传播媒介进行信息交换和通信，以实现智能化识别、定位、跟踪、监管等功能。

本章主要目标

在阅读完本章后，你将能够回答以下问题：

1）关于运营管理的基本概念——什么是运营和运营管理？运营职能有哪些？运营管理的两大对象是什么？服务运营管理有何特殊性？

2）关于运营管理的范围和内容——运营管理的三类基本问题是什么？运营管理的职能范围是什么？运营管理的决策内容是哪些？运营管理的绩效怎么体现？

3）关于信息通信企业运营管理的主要内容——信息通信企业运营管理的标准流程框架是什么？信息通信企业运营管理的体系和主要内容是什么？

无论是制造业企业还是服务业企业，生产与运营管理都是企业的基本管理职能之一。运营管理（Operation Management）是一门古老而又新兴的管理学科。说它古老，是因为运营管理的概念及相关理论是从传统制造业的生产管理发展而来的。在传统的工商管理学中，把这门学科叫作"生产管理"，主要关注制造业企业产品生产过程的管理，而现代生产运营管理关注的范围则包括众多服务业企业对服务提供过程的管理。运营管理这一概念，经历了从生产管理（Production Management）到生产运营管理（Production and Operation Management），再到运营管理的发展历程。说它又是一门新兴的管理学科，是因为近几十年来，伴随着服务业的大幅发展，业务经营管理呈现跨组织、跨产业、跨国界的全球化发展趋势，运营管理的范围从最初封闭的传统制造业有形产品的生产活动扩大到现在包括制造业和服务业、商业组织（营利性组织）和非商业组织（非营利性组织，如政府职能机构、国际化组织、学校、医院、慈善机构等）所进行的各种活动。

1.1 运营管理的基本概念

1.1.1 生产和运营活动

生产和运营活动是一个"投入→变换→产出"的过程，即投入一定的资源，经过多种形式的变换，使其增值，最后以某种形式的产出提供给社会。这是一个社会组织通过获取和利用各种资源向社会提供有用产品的过程。因此，运营的核心是投入与产出之间的一系列转化流程。

上述定义可以用图1-1表示。其中的投入包括人力、物料、设备、技术、信息、能源、土地等资源要素。产出包括两大类：有形产品和无形产品。前者指汽车、电视、机床、食品等物质产品，后者指某种形式的服务，例如银行提供的金融服务、邮局提供的邮递服务、咨询公司提供的设计方案、电信公司提供的语音通信服务等。

从更严格的意义上来讲，实际上任何一个企业，其产出都是有形产品和无形服务的组合。对于很多现代制造业企业来说，其产品的技术含量和知识含量越高，整个产出中所需要提供的无形服务也越多；对于诸如通信、互联网、餐饮、零售、酒店、航空等服务行业来说，无形服务的产出也离不开其物理性的服务设施，以及无形服务传递中所需的有形产品的支持。

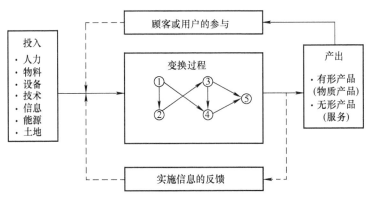

图1-1　生产与运营过程

图 1-1 中的虚线表示两种特殊的投入：一个是顾客或用户的参与，另一个是有关运营活动实施信息的反馈。顾客或用户的参与是指，他们不仅接受变换过程的产出结果，在变换过程中，他们也是参与活动的一部分。例如在通信服务中用户的参与，在医院中病人的参与。实施信息的反馈与"投入"框图中已有的"信息"投入的区别在于，后者是指生产运营系统外部的信息，例如市场变化信息、新技术发展信息、政府部门关于经济趋势的分析报告等；而前者是指来自生产运营系统内部，即变换过程中所获得的信息，例如生产进度报告、质量检验报告、库存情况报告等。图中心的圆圈表示变换过程中产品、服务或参与的顾客往往需要经过多个步骤、多个环节，这些环节有并行、有串行、有交叉，因此需要有一套严密的计划、组织与控制的方法。

中间的变换过程，也就是劳动过程、价值增值过程。这个过程既包括一个物质转化过程——使投入的各种物质资源进行转变；也包括一个管理过程——通过计划、组织、实施、控制等一系列活动使上述物质转化过程得以实现。这个变换过程还可以是多种形式的，例如在机械工厂，主要是物理变换；在石油精炼厂，主要是化学变换；而在航空公司或邮局，变换过程主要是位置的变换。有形产品的变换过程通常称为生产过程，无形产品的变换过程称为服务过程，也称为运营过程。西方学者把与工厂联系在一起的有形产品的生产称为"production"或"manufacturing"，而将提供服务的活动称为"operations"，目前的趋势是将两者都称为运营。

1.1.2　运营管理概念及其管理对象

运营管理是对所有运营活动的计划、组织、实施和控制，是与产品生产和服务创造密切相关的各项管理工作的总称，**其核心内容包括：运营战略的制定、运营系统设计、运营系统运行以及运营系统的评估和改进等。**

运营管理的对象是运营流程和运营系统。

运营流程是一个投入、变换、产出的过程，是一个劳动过程或价值增值的过程，是对人员开展工作进行指导、说明。领导者制定完战略后应指出一条达到目标的路线。领导者的执行力要通过运营流程，通过具体的运营设计来实现，这也是最为困难和最讲究艺术性的部分。例如队伍要到河对岸去，过河的目的已经很清楚，关键在于过河的方式和过程。运营管理的第一大对象，是考虑如何对这样的运营流程进行计划、组织与控制。

运营系统，是指使上述变换过程得以实现的手段。它的构成与变换过程中的物质转化过程和管理过程相对应，也包括一个物质系统和一个管理系统。物质系统是一个实体系统，主要由各种设施、机械、运输工具、仓库、信息传递媒介等组成。管理系统主要是指生产运作的计划和控制系统，以及物质系统的设计、配置等问题。其中主要内容是信息的收集、传递、控制和反馈。在信息通信行业，传统的运营以网络和技术为核心，其运营系统主要是对各种网络资源进行管理的系统。但随着市场竞争加剧，信息通信企业运营的重心迅速转向客户和市场，21 世纪以来，信息通信企业不断在业务、市场、客户服务等方面加大投入，以打造新的运营系统。

1.1.3　服务运营管理的特殊性

如上所述，虽然有形产品的生产过程和无形产品的服务过程都可以看作是一个"投入→变换→产出"的过程，但这两种不同的变换过程以及它们的产出结果还是有很多区别的。从管理的角度来说，主要进行有形产品生产的制造业企业，与主要提供服务的服务业企业，其管理方式和所需用到的方法也各有不同。

1. 服务的本质特点

与制造业所产出的物质形态的产品相比，服务作为一种产出有着鲜明的特点，从而使服务运作管理具有特殊性。这些特点可概括如下。

（1）服务的无形性、不可触性

这是服务作为产出与有形产品的最本质、最重要的区别。虽然许多服务的一部分也是可触的，例如服务设施和所提供的物品，但是从顾客的角度来说，其购买服务的目的是要得到一种解决问题的方法，得到一种功能，而不是物品本身。这一点对于制造业来说实际上是相同的。服务的这种无形性使得它不像有形产品那样容易描述和定义，也无法储存，无法用专利来保护，从而带来了服务管理中的一系列独特性。

（2）生产与消费的不可分性

对于制造业来说，产品生产与产品使用是在两个不同时间段、不同地点发生的，生产系统与顾客相隔离，因此，产品质量可在"出厂前把关"；产品可预先生产出来以满足日后的需求，从而调节需求与生产能力之间的不平衡性；可区分生产与销售的不同职能等。而许多服务只能在顾客到达的同时才开始"生产"，生产的同时顾客也就消费掉了。一项服务的不可触性越强，生产和消费越会同时发生。服务的这种特性使得服务质量不可能预先"把关"，因此服务能力（设施能力、人员能力）计划必须对应顾客到达的波动性，同时服务的"生产"与"销售"难以区分，这些特性也导致了服务运作管理必须采用一些特殊的方法。

（3）不可储存性

服务通常是无法储存的。当飞机离开跑道时，从该航班可获得的收入就已确定，即使该飞机上仍然有空座位，也不可能再从该航班获得任何收入；饭店某夜的空床位只要过了该夜，就不可能再利用，从该生产能力获利的机会也会完全消失。

由于服务不可储存，因此服务能力的设定是非常关键的。服务能力的大小、设施的位置对于服务业企业的获利能力有至关重要的影响。如果服务能力不足，会带来机会损失；而服务能力过大，也会白白支出许多固定成本。

（4）顾客在服务过程中的参与

在制造业，工厂与产品的使用者、消费者完全隔离，而在服务业，"顾客就在你的工厂中"。在很多服务过程中，顾客自始至终都是参与其中的，这种参与有两种形式：主动参与和被动参与。同时也可能带来两种结果：促进服务的进行和妨碍服务的进行。

服务被生产时顾客也在其中这一事实还导致了在服务业中生产与消费的不可分性。

2. 服务运营管理的特点

上述的服务产出特点决定了服务运营过程和管理过程与制造业相比有很大不同。这些不同点可概括如下。

（1）运营的基本组织方式不同

从运营的基本组织方式上说，制造业是以产品为中心组织运营的，而服务业是以人为中心组织服务运营的。制造业企业通常是根据市场需求预测或订单来制定生产计划，并在此基础上采购所需物料、安排所需设备和人员，然后开始生产。在生产过程中，由于设备故障、人员缺勤、产品质量问题等引起的延误，都可以通过预先设定一定量的库存和剩余产量来调节。因此，制造业企业的运营管理是以产品为中心而展开的，主要控制对象是生产进度、产品质量和生产成本。而在服务业，运营过程往往是人对人的，需求有很大的不确定性，难以预先制定周密的计划。在服务过程中，即使是预先规范好的服务程序，也仍然会由于服务人员的随机性和顾客的随机性而产生不同的结果。因此，运营活动的组织主要是以人为中心来考虑的。

（2）产品和运营系统的设计方式不同

在制造业，产品和生产系统可分别设计，而在服务业，服务和服务提供系统须同时设计。因为对于制造业来说，同一种产品可采用不同的生产系统来制造，例如采用自动化程度截然不同的设备，两者的设计是可以分别进行的。而在服务业，服务提供系统是服务本身的一个组成部分，不同的服务提供系统会形成不同的服务特色，即不同的服务产品，因此两者的设计是不可分离的。

（3）库存在调节供需矛盾中的作用不同

在制造业，可以用库存来调节供需矛盾，而在服务业，往往无法用库存来调节供需矛盾。例如电信运营商在某时刻的信道资源无法存储起来出售给下一时刻的用户，饭店的剩余菜品也无法放在架子上第二天再卖。因此，对于服务业来说，其所拥有的服务能力只能在需求发生的同时加以利用，这给服务能力的规划带来了很大的特殊性。

（4）顾客在运营过程中的作用不同

制造业的生产系统是封闭式的，顾客在生产过程中不起作用，而服务业的运营系统是非封闭式的，顾客在服务过程中会起一定作用。在有形产品的生产过程中，顾客通常不介入，不会对产品的生产过程产生任何影响。而在服务业中，由于顾客参与其中，顾客有可能起积极或消极两种作用。在前一种情况下，企业有可能利用这种积极作用提高服务效率和服务设施的利用率；而在后一种情况下，企业必须采取一定的措施防止这种干扰。因此，服务运营管理的任务之一，是尽量使顾客的参与能够对服务质量、效率的提高等起到正面作用。

（5）不同职能之间的界限划分不同

在制造业，产品生产与产品销售是发生在不同时间段、不同地点的活动，很多产品需要经过一个复杂的流通渠道才能到达顾客手中，"生产运营"和"销售"两种职能的划分明显，分别由不同人员、不同职能部门来担当。而在服务业，这样的职能划分很多是模糊的。在服务业，由于服务生产与服务销售同时发生，因此很难清楚地区分生产与销售职能。所以，必须树立集成的观念，用一种集成的方法来进行管理。关于这一点，后续章节还会进一步论述。

（6）需求的地点相关特性

由于服务中生产与消费同时发生，对大多数服务类型来说，提供者与顾客必须处在同一地点，不是顾客去服务的提供地（如去餐馆），就是提供者来找顾客（上门服务）。因此，很多情况下制造业中的传统分销渠道并不适用于服务业。为了方便顾客，服务设施必须分散化，并尽量靠近顾客，这就限制了每一处设施规模的扩大，使管理者对分散设施的管理和控制难度进一步加大，也造成了服务设施选址的特殊性。

（7）无形性的相关影响

在服务业中，概念、方法、技术等无形因素发挥着重要的作用，实物形态的东西相对较少。因此，服务业企业不太容易利用专利来保护自己。要提高竞争力，必须主要从无形因素着手。同时，由于不易通过事先试用、品尝等方式形成对服务的了解，也由于服务本身的无形性，因此顾客对企业的形象、品牌将更加重视，在咨询类等专家服务性企业中更是如此。无形性还带来了质量方面的区别。由于制造业企业所提供的产品是有形的，其产出的质量易于度量。而对于非制造业企业来说，大多数产出是不可触的，顾客的个人偏好也影响对质量的评价，因此对质量的客观度量有较大难度。例如在百货商店，一个顾客可能以购物时营业员的和蔼语气为主要评价标准，而另一个顾客可能以营业员收款的准确性和速度来评价。

制造业和服务业在其产出与管理上的主要特点见图1-2。这里需要指出的是，任何规律都有例外，该表所示的只代表两种极端情况。事实上，很多企业的特点介于这两个极端之间，也有很多差别只是程度上的差别。如前所述，越来越多的制造业企业都在同时提供与其产品有关的服务。在它们所创造的附加价值中，物料转化部分的比例正逐渐减小。同样，许多服务业企业经常是成套地提供产品和服务，使有形产品作为无形服务的载体。例如在餐厅，顾客同时需得到食物和服务；用户在使用PC接受移动通信网络的无线上网服务时，往往需要购买相应电信运营商的无线上网卡。

制造业	服务业
产品有形、耐久、可触 产出可储存 顾客与生产系统极少接触 响应顾客需求周期较长 可服务于地区、全国乃至国际市场 设施规模较大 质量易于度量	产品无形、不耐久、不可触 产出不可储存 顾客与服务系统接触频繁 响应顾客需求周期较短 主要服务于有限区域，范围小 设施规模较小 质量不易度量

图1-2　制造业与服务业的特点

1.2 运营管理的范围和内容

1.2.1 运营管理的目标和基本问题

运营活动是一个企业向社会提供有用产品的过程。但要想使价值增值得以实现，要想向社会提供"有用"的产品，其必要条件是，运营过程提供的产品，无论是有形的还是无形的，都必须有一定的使用价值。这种价值主要体现在两个方面：产品质量和产品提供的适时性。而产品的成本，以产品价格的形式最后决定了产品能否被顾客所接受。这些条件决定了企业运营管理的目标必然是："在需要的时候，以适宜的价格，向顾客提供具有适当质量的产品和服务。"

从运营管理的目标，以及运营过程的"投入→变换→产出"这一特点来看，可以将运营管理的基本问题概括为以下三大类：

1. 产出要素管理

运营管理的第一大类基本问题是产出要素管理，其中包括：

质量（quality）——如何保证和提高质量。包括产品的设计质量、制造质量和服务质量。

时间（time）——适时适量生产。在现代化大规模生产中，生产所涉及的人员、物料、设备、资金等资源成千上万，如何将全部资源要素在它们需要的时候组织起来，筹措到位，是一项十分复杂的系统工程，这也是运营管理所要解决的一个最主要的问题。

成本（cost）——使产品价格既可为顾客接受，又可为企业带来一定利润。它涉及人、物料、设备、能源、土地等资源的合理配置和利用，同时涉及生产率提高的问题。

服务（service）——提供附加和周边服务。对于制造业企业来说，随着产品的技术含量、知识含量的提高，产品销售过程中和顾客使用过程中所需要的附加服务也越来越多。当制造产品的硬技术基本一样时，企业通过提供独具特色的附加服务就有可能赢得独特的竞争优势。对于服务业企业来说，在基本服务之外提供附加服务也会赢得更多的顾客。

2. 资源要素管理

运营管理的第二大类基本问题是投入要素管理，也就是资源要素管理，其中主要包括：

设施设备管理——现代化企业提供产品和服务的能力的一大特点是其取决于设施设备的能力，而不是人员工作的速度，因此，运营管理中的设施设备管理的主要目的是保持足够、完好和灵活的生产运作能力。

物料管理——物料是指企业制造产品、提供服务所需的原材料、零部件和其他物品。当今企业生产运作所需的绝大部分物料需要外购，因此，物料管理的主要目标是以最经济的方法保证及时充足的物料供应。

人员管理——考虑在生产运作过程的各个环节如何高效地配置和使用人力资源。

信息管理——企业的生产运作过程既涉及大量的物流，也需要考虑其中的信息流，用信息流来拉动物流。因此，信息管理的主要目的是及时准确地收集、传递和处理必要的信息。

3. 环境要素管理

环境要素管理是当今企业运营管理中需要考虑的第三大类管理问题。传统的生产管理并没有把环境要素管理作为基本问题来看待。但在今天，如何保护环境和合理利用资源成为企业运营管理中一个越来越重要的问题。环境要素管理可以从企业生产运作过程中的"投入"和"产出"两个方面来考虑：从"产出"的角度来说，企业在产出对社会有用产品的同时，有可能生产出一些"负产品"，即所排放的废水、废气、废渣等，进而给环境造成污染；也有可能其产品在使用过程中会给环境造成污染，例如汽车排放的有害气体。为此，企业有必要在产品设计和生产运作过程中考虑如何保护环境。从"投入"的角度来说，企业在获取和利用各种资源进行生产运作时，有必要考虑到人类的自然资源是有限的，需要考虑人类的可持续发展，为此在资源获取和利用上应尽量节约自然资源、合理使用自然资源，并考虑各种资源的再生利用问题。当今，环境保护已经成为人类所面临的一个重大课题，而企业在这个课题上负有最直接的责任。

1.2.2　运营管理的范围和决策内容

运营管理的范围可以从企业运营活动过程的角度来看。如图 1-3 所示，就有形产品的生产来说，生产活动的中心是制造部分，即狭义的生产。所以，传统的生产管理学的中心内容主要是关于生产的日程管理、在制品管理等。同时，为了进行生产，生产之前的一系列技术准备活动也是必不可少的，例如工艺设计、工装夹具设计、流程设计、工作设计等，这些活动可称为生产技术活动。而生产技术活动是基于产品的设计图纸的，所以在生产技术活动之前是产品的设计活动。这样的"设计→生产技术→制造"的一系列活动，才构成了一个相对而言较完整的生产活动的核心部分。

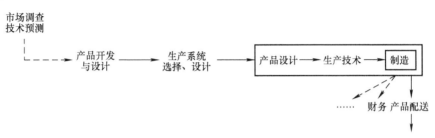

图 1-3 运营管理的范围

在当今技术进步日新月异、市场需求日趋多变的环境下，产品更新换代的速度正变得越来越快。这种趋势一方面使企业必须更经常地投入更大力量、更多注意力进行新产品的研究、开发与设计；另一方面，由于技术进步和新产品对生产系统功能的要求，使企业不断面临生产系统的选择、设计与调整。这两方面的课题从企业经营决策层的角度来看，其决策范围向产品的开发与设计，生产系统的选择、设计这样的"向下"方向延伸；而从生产管理的角度来看，为了更有效地控制生产系统的运行，生产出能够最大限度地实现生产管理目标的产品，生产管理从其特有的地位与立场出发，必然要参与到产品开发与生产系统的选择、设计中去，以便使生产系统运行的前提（即产品的工艺可行性、生产系统的经济性）能够得到保障。因此，生产管理的关注范围从传统的生产系统的内部运行管理"向宽"延伸。这种意义上的"向宽"延伸是向狭义的生产过程的前一阶段的延伸。另一方面，"向宽"延伸还有另一层含义，即向制造过程后一阶段——产品配送与售后服务的延伸。所有这些活动如图 1-3 所示，构成了运营管理的范围。图 1-3中的虚线部分表示企业经营活动中其他一些主要活动。由此也可以看出，生产运作活动是企业经营活动中最主要的部分。

对于提供无形产品的非制造业企业来说，其运营过程的核心是业务活动或服务活动，但在当今市场需求日益多变、技术进步尤其是信息技术飞速发展的形势下，同样面临着不断推出新产品、提供多样化服务的课题，也面临着不断调整运营系统和服务提供方式的课题。例如信息通信企业需要不断地推出新服务、新产品，大学需要不断地推出新课程并改进教学方式，银行需要利用信息技术不断改进服务方式并推出新服务等。**因此，无论是制造业企业还是非制造业企业，其运营管理的范围都在扩大。**

在这样一个范围内，运营管理中的决策内容可分为三个层次。

1）运营战略决策，包括产品战略决策、竞争策略、运营组织方式的设计和选择、纵向集成度与供应链结构的设计等问题。

2）运营系统设计决策，运营战略决定以后，为了实施战略，首先需要有一个得力的实施手段或工具,即运营系统。所以接下来的问题便是系统设计问题,其包括运营技术的选择、运营流程的设计、运营能力规划、设施选址和设施布置、工作设计等问题。

3)运营系统运行决策,即运营系统的日常运行决策问题。包括不同层次的运营计划、供应链管理和库存管理、作业调度、质量管理等。

图1-4显示了不同决策程序之间的联系。如图1-4所示,在企业经营战略的整体框架下,运营战略首先需要决定以什么产品来实现企业的整体经营目标,然后决定对此以什么为竞争重点,采用什么样的运营组织方式,纵向集成度如何设计等问题。这四大部分就构成了运营战略决策的主要内容。接下来,运营管理的下一步任务是运营系统设计决策和运营系统运行决策,其中的具体决策问题如图1-4所示。本书后面内容的构成,基本上就按照这样一个决策层次和决策内容来展开。

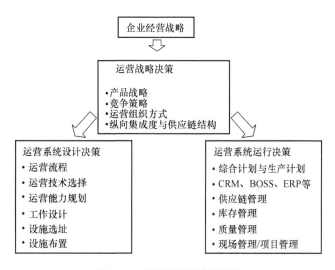

图1-4 运营管理的决策内容

1.2.3 运营管理的集成性

现代运营管理既包括战略决策、系统设计决策和日常运行决策等不同层次的决策问题,也包括产出要素管理和人、设备、物料等资源要素的管理,还包括设计、工艺、制造等运营过程不同阶段的管理。在传统的生产管理实践中,这些管理是分别进行的,而且各自有相对应的职能部门。这些部门各自负责一面,相互之间存在不协调的情况。从客观上来说,这些不同的单项管理之间的职能目标并不完全一致,而且在某种程度上可能存在相悖关系。例如当强调质量目标时,可能会相应地要求生产过程中要精雕细刻,从而带来生产时间的延长、人工的较多消耗,而这与进度管理和成本管理的职能目标是相悖的;又如当强调进度管理的目标时,为了保持适时适量地交货,会相应地要求有一定量的原材料与在制品库存,这又是成本管理目标所极不希望看见的……

企业运营活动中这些不同单项管理的划分,原本是随着社会化生产规模的不断扩大和生产分工的需要应运而生的。但是在运营中，这些不同管理职能的目标最后都要通过一个共同的媒介体——产品来实现。从产品的市场竞争力来看，只有产品的质量、时间、成本、服务等各要素同时具备，产品才可能有真正的市场竞争优势。同理，对于其他资源要素管理来说也是这样。因此，在运营管理中，不能片面地强调哪一项管理更重要，也不能把各项职能或职能部门完全分而治之，而必须以一种系统的观念来进行集成管理，从提高整个系统的效率的角度出发，来指导各项单项管理的进行。只有这样，才能达到分工的真正目的。此外，由于各项要素之间所存在的相悖关系，运营决策过程往往是一种使各项要素取得平衡的过程，也可以称为择优过程或优化过程。

当今市场需求日趋多变、技术进步日新月异的环境，给企业提出了要不断开发新产品以及不断调整、设计和选择生产运营系统的课题，使企业的经营活动和生产运营活动、经营管理和生产运营管理之间的界限正变得越来越模糊。**企业的生产与经营（包括营销、财务等活动在内）正在互相渗透，并朝着一体化的方向发展，构成一个集成体，以便能够更加灵活地适应环境的变化和要求。**这是现代运营管理的一个重要发展趋势。

随着市场竞争的日益激烈，基于时间的竞争（快速响应、快速开发产品、快速更新运营技术、缩短生产周期、快速交货）变得日益重要，这要求企业各个部门之间及时沟通信息和紧密合作。另一方面，飞速发展同时成本迅速变得低廉的信息技术给这种部门间的沟通和合作提供了强有力的武器。在这样的环境背景之下，**现代运营管理不再只是考虑物料在一个工厂内的流动，而是考虑如何将产品设计、工艺、采购、质量控制、生产流程、配送、销售、顾客服务等作为一个完整的供应链来设计和管理。**现代运营管理中新发展起来的供应链管理理论正是这种集成化管理趋势的反映。

1.2.4 运营管理的绩效

运营管理的绩效目标由其运营方式决定，关于绩效的评估也有许多不同的方面。在这里，我们要先从总体上考察运营管理的社会、环境和经济绩效，即基于"三重底线"的总体绩效。然后，我们再来看运营管理的五个经济绩效目标及其如何互相取得平衡。

1. 运营管理的总体绩效

在评价一个组织的绩效时，有一种共同的观点试图提供一种更具广泛意义的方法，这就是"三重底线"（Triple Bottom Line，简称 TBL 或 3BL），也称为"人 – 地球 – 利润"（People、Planet、Profit，简称 3P）。该观点简单明了地指出，组织不仅应当按照传统的经济利润指标来衡量自己的价值，还要考虑其运营对社会和生态环境带来的影响。

来自于此三重底线方法的影响动力是"可持续发展能力"（Sustain Ability）。可持续的业务（Sustainable Business）是指业务在为所有者创造可接受的利润的同时，运营活动要最小化对环境的破坏，还要改善与所有者相关的人们的存在价值。这是社会对组织发放的"经营许可证"（License to Operate）。三重底线（虽然未被普遍接受）所隐含的假设是，可持续的业务更多的是要保持长期的成功，而不仅仅是单独地关注短期经济目标。只有当公司获得了三重底线的平衡，其运营价值才能得以充分体现。图 1-5 表示要取得三重底线平衡的一些因素。

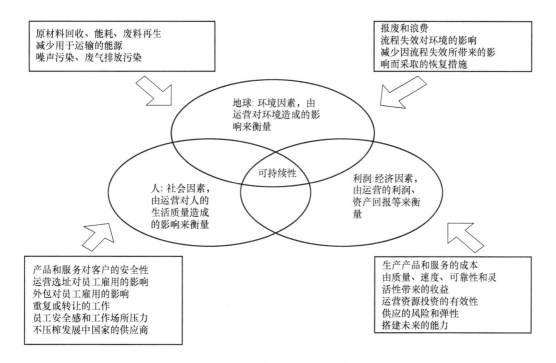

图 1-5　影响运营的三重底线

（1）社会底线

社会底线背后的基本观点并不只是简单地把运营（广义的定义）所从事的业务与社会联系在一起，而是指业务经营应当为其对社会产生的影响承担一定的责任，要在其行为所带来的外部社会结果与更为直接的内部结果（如利润）之间取得平衡。社会由各种组织、团体和个体所构成，每一种成分都远不是经济交换的简单单元。这对于个体层面意味着工作设计和工作模式，使得个体能够在没有过度的压力之下贡献他们的才智。在组织层面，这意味着真诚地认可和对待员工。这个原则同样可以跨越组织的界限。任何业务都有要保证其供应商或贸易伙伴内的个体不处于明显劣势的责任。业务是更大的社区的组成部分，通常社区整合了某个地区的经济和社会成分。组织要逐渐地认识到自己对于当地社区的责任，要帮助它们促进经济发展和社会福利。在影响社会的众多因素中，影响最大、最具争议的是近几十年发展起来的对业务方式产生了深远影响的业务活动的**全球化**（Globalization）。

与社会底线密切相关的另一方面是公司**社会责任**（Corporate Social Responsibility），即熟知的CSR。CSR 从运营方式来讲就是所有的商业活动除利益最大化、损失最小化外，还要关注其给经济、社会和环境带来的影响；尤其是我们要把 CSR 当作自愿的行为，商业活动在遵从最低限度的法律要求之外，还要同时关注自身的竞争利益和更为广泛的社会利益。

（2）环境底线

按照世界银行的定义，环境的可持续性是指"要保证开发行动所带来的累加的人力和物力资本的总体产能大于用于补偿直接或间接的环境损失或恶化"。

11

企业经营者回避不了环境保护方面的责任，尤其是他们所在组织的环境绩效。通常，运营失败是造成污染灾害的根源，而运营决策（比如产品设计）会对长期的环境问题产生影响。从某种程度上讲，光有运营过程还不够。不能回收且能耗大的产品对环境的影响从短期来看或许不明显，但从长期来看会更为显著，这些都是运营者所要承担的更加广泛的责任中的一部分。

同样地，了解诸如**环境责任**这样的问题非常重要，这与运营管理者的日常决策密切相关，其中有很多与浪费有关。产品和服务设计方面的运营管理决策极大程度上影响着对短期和长期可回收原材料的使用。流程设计影响能源和劳动力浪费的比例。计划和控制会影响原材料浪费，还会影响能源和劳动力的浪费。在这里，环境责任与传统的运营管理理念不谋而合。流程技术从运营的角度来看可能效率高，但可能会带来污染，社会所承担的经济和后果巨大。这种矛盾往往只能通过法律和法规来解决。

（3）经济底线

一个组织的高层管理者代表了所有者的利益，他们希望所有的运营经理通过有效利用资源，为组织的经济目标的成功实现做出贡献。为了完成这些目标，运营经理必须在改善流程、产品和服务等方面有创造力、创新能力，并充满活力。因此，有效的运营管理可以带来如下的五种优势（见图1-6）：

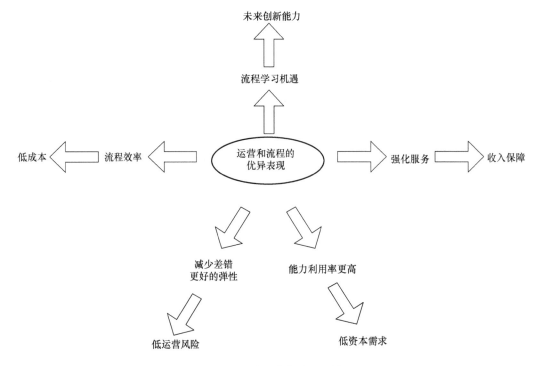

图1-6 运营对竞争力的贡献

1）降低产生服务和产品的成本。
2）提高客户满意度。
3）快速的自愈能力。

4）减少产品和服务的投资总量。

5）奠定创新的运营、知识和能力基础。

2. 运营管理绩效目标

企业的战略目标构成运营决策的背景，但对于日常运营层面的运作，为了不断满足客户需求、提升竞争力，就必须保证**质量、速度、可靠性、灵活性、成本**这五个基本的目标。

（1）质量目标

管理大师德鲁克认为"质量就是满足需要"。质量的本质是一种客观事物具有某种能力的属性，由于客观事物具备了某种能力，才可能满足人们的需要，需要由两个层次构成。第一层次是产品或服务必须满足规定或潜在的需要，这种"需要"可能是技术规范中规定的要求，也可能是在技术规范中未注明，但用户在使用过程中实际存在的需要。第二层次是在第一层次的前提下，质量是产品特征和特性的总和。符合特征和特性要求的产品，就是满足用户需要的产品。因此，"质量"定义的第二个层次实质上就是产品的符合性。

质量目标是以行为科学中的激励理论为基础，以系统论思想作为指导，为了实现企业总经营战略，通过制定满足需要的要求，去协调企业各个部门乃至每个人的活动。

企业质量目标的建立为企业全体员工提供了其在质量方面关注的焦点，同时，质量目标可以帮助企业有目的、合理地分配和利用资源，以达到策划的结果。一个有魅力的质量目标可以激发员工的工作热情，引导员工自发地努力为实现企业的总体目标做出贡献，对提高产品质量、改进作业效果有其他激励方式不可替代的作用。

（2）速度目标

速度是指从客户提出服务或产品的需求到获得服务或产品之间的时间差。对于企业而言，客户能够越快地获得服务或产品，他们就越可能愿意购买，或者越多地购买。对于运营而言，就是要抢占市场先机。同时速度还会为企业带来其他利益：第一，**减少物料库存，降低成本**；材料的物流时间远远超过了它们被处理和被做成产品的时间，它们大部分的时间都在等待，就像零部件或产品在库存里一样。零件在流程中运行的时间越长，那么它们在其中等待的时间就越长，库存就越大，这意味着成本越高。第二，**缩短生产周期，减少风险**。流程的产出时间越短，风险就越小。以手机制造厂为例，假如手机外壳的总体产出时间是两周，那么手机外壳从第一道工序到最后一道工序之间的时间是两周。如果总体产出时间变成一周，那么在这种情况下，被处理成形的手机外壳的数量和类型与手机组装流水线上最终需要的数量和类型吻合的可能性更大。

（3）可靠性目标

可靠性是指在正确的时间内为客户提供所需的服务或产品。客户很大程度上是在服务或产品已经提供了之后，才会对运营的可靠性做出评判。随着时间的推移，可靠性的重要性可能会在其他标准之上。无论通信套餐资费多便宜，但如果电话总是掉线、上网总没有信号或速度很慢，那么很多用户可能就会换运营商了。

在内部运营中，内部客户会通过其他流程准时提供材料或信息的可靠程度来评价彼此的部分绩效。内部可靠性高的运营通常要比低的更有效率，主要原因在于可靠性高可以节省时间。以计算机维修中心为例，如果维修中心缺少了一些关键的零部件，中心经理就要花时间组织货源，而分配来维修的资源在这段时间就会闲置。更严重的是，中心在这段时间会堆积越来越多的计算机等待维修，中心经理要重新安排维修资源，同时服务中心要不断地应对客户的抱怨和投诉。由此可见，由于供应链可靠性的差错，运营的大部分时间都被浪费了，同时客户满意度也降低了。

（4）灵活性目标

灵活性是指企业按照客户的需要，能够以某种方式改变运营流程或模式，包括：

1）服务/产品的灵活性——运营能够推出或改善服务/产品的能力。

2）混合的灵活性——运营能够创造大范围的服务/产品或者两者的组合的能力。

3）产量的灵活性——运营能够改变产出或活动水平的能力，在不同的时间能够提供不同数量的服务/产品。

4）交付的灵活性——运营能够改变其交付服务/产品的时间的能力。

灵活性高能够带来创造更加多样化服务或产品的能力。多样化程度高通常意味着成本高，而且，多样化程度高的运营往往产量不高。不过一些公司已经具有了能够为单个客户定制服务或产品的灵活性，同时还能够做到高产量、大规模生产，从而使成本降低，这种方法称为**大规模定制**。大规模定制有时可以通过设计的灵活性来实现。例如戴尔公司曾经是世界上产量最大的个人计算机生产商，并可以在有限的程度上允许每个客户自己"设计"他们的个性化计算机配置。

近年来用**敏捷性**（Agility）一词来评判运营变得非常流行。敏捷性是指通过创造新的或改善已有服务和产品的速度和灵活性，来快速回应市场需求。敏捷性可以说是五种绩效目标的综合反映，但更主要的还是反映灵活性和速度。

提高运营的灵活性对运营的内部客户也具有一系列的优势：第一，加快响应速度；第二，节省时间；第三，保持可靠性。

（5）成本目标

成本是企业主要的运营绩效目标。提供服务和产品的成本越低，价格就有可能会越低。即便是那些不以价格竞争为手段的公司也会有兴趣保持低成本水平。从运营节省的每一分钱最终都会加到利润中。运营管理能够影响成本的方式在很大程度上取决于成本是从哪里来的。运营费用会花在员工（雇用员工支付的薪资福利）、设施、技术和设备（用于购买、维护、运行和替换运营的"硬件"）、原材料（用于买入运营过程中的耗材或被转化的材料）等方面。

以上我们讨论了每种绩效目标给外部和内部带来的利益的区别。每种绩效目标都有不同的内部效应，但所有的目标都会影响成本。因此，改善成本绩效的一个重要方法是改善运营的其他绩效目标（见图1-7）。

1）高质量的运营不会浪费时间或者花工夫返工，也不会因服务的缺陷而引起内部客户的不便。

2）快速的运营降低流程之间和流程内的在途库存，同时减少行政管理开销。

3）可靠的运营不会给内部客户带来不受欢迎的意外，交付可以准确地按计划实施。这可以消除浪费性的破坏，使其他微运营更加有效。

4）灵活的运营能够在不损害其他运营的情况下快速适应变化的环境。灵活的微运营还能够在不同任务之间快速切换，不会浪费时间和能力。

3. 运营管理绩效目标之间的平衡

运营内部一个绩效目标的改善会影响其他绩效目标的改善。很显然，更好的质量、更快的速

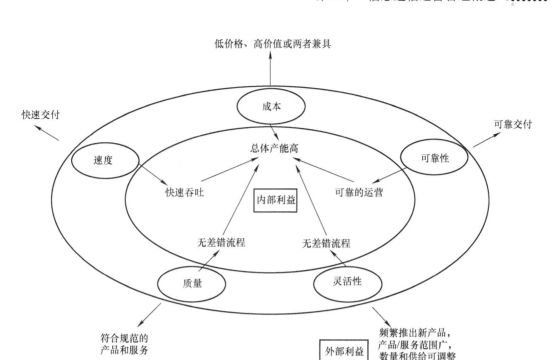

图 1-7　绩效目标具有外部和内部双重效应

度和更高的可靠性可以改善成本绩效。但从外部来看，绩效目标之间存在一种折中，要改善某个绩效目标，或许需要以牺牲另一个绩效目标为代价。例如运营想要改善其成本效率，可能就需要降低提供给客户的服务或产品的多样性。

　　但是关于折中有两种观点。一种强调"重新定位"绩效目标，通过降低一些绩效目标来换取另一些绩效目标的改善。另一种则强调改善运营的"有效性"，通过克服折中的代价，使一个或几个绩效目标的改善不会导致其他绩效目标的降低。大多数业务在不同时期不是选择前者就是后者。

1.3　信息通信企业运营管理的主要内容

1.3.1　信息通信企业的概念

　　信息通信企业这一概念是随着信息通信技术的发展而演变来的。在电信网、互联网、广播电视网三网融合之前，人们通常对信息通信企业的理解仅限于电信运营商和电信设备制造商，随着网络融合带来的电信业务范围不断拓展和电信产业边界不断延伸，人们对信息通信企业的理解逐渐深入。

　　从产业链的角度来看，电信产业经历了从传统模式单链条结构向网状结构的发展演化，信息通信企业的概念和范畴也在不断拓展。

1. 传统的信息通信产业

电信运营商承担建设和运营维护电信网络的责任，同时负责电信业务收费，以及部分电信终端的销售等，电信设备制造商向电信运营商提供网络设备（包括软件）及终端设备（见图1-8）。电信运营商处于垄断地位，其主要关注上游企业能否及时提供网络建设所需的设备，关注工程建设部门能否按时完成网络建设，运维部门能否保证网络的安全和无差错运行。因此，电信运营商以网络的建设及运维为中心来组织整个产业。

图1-8 传统信息通信产业以电信运营商为核心

2. 新的信息通信产业

由于信息通信技术的发展和网络融合的不断深入，传统电信运营商在产业中的垄断地位被打破。一方面传统电信运营商面临互联网企业、自媒体等内容服务提供商、终端提供商，以及多种服务提供商在末端消费者市场的竞争；另一方面电信运营商之间竞争不断加剧，促使电信运营商主动寻求更多市场空间，从而产生了业务的多元化，并打破了单一的封闭流状态，也进一步细化了整个产业的社会分工，形成了复杂的网状结构（见图1-9）。

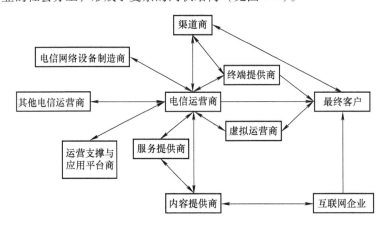

图1-9 新的信息通信产业结构

在这个产业网结构中，电信运营商已不再作为产业网中绝对的中心节点。

电信运营商（Telecom Operator）：向电信网络客户提供通信服务和信息服务的运营商，也包括虚拟运营商、增值业务运营商及接入服务运营商。其运营管理对象包括两部分：一是有通信功能的网络，二是通过电信网络提供的各种业务，包括基本业务与增值业务。运营商具备电信增值业务的门户功能，即为客户提供一个集成的、统一的信息服务界面与窗口，其业务销售一部分通过自建营销渠道自销（包括全部的大客户），一部分批发给渠道商零售（并承担相应业务的售后服务）。虚拟运营商和基础电信运营商是平行关系。

电信网络设备制造商（Networks Equipment Vendor）：如华为、中兴、思科、爱立信等公司。这些公司为电信网络提供运营所需要的物理网络硬件（含配套的软件）设备，其通常掌握基础网络标准、核心技术，与终端提供商共同形成技术创新与市场驱动的引领者，它们一方面靠核心技术与专利盈利，另一方面也靠设备盈利。

运营支撑与应用平台商（BOSS & Platform Vendor）：如亚信等公司，也包括所有的应用平台开发商（Application Provider，AP），其向电信网络提供网络及业务运营支撑系统（即 BOSS 系统）的硬、软件设备，业务应用和终端应用所需的技术平台的硬、软件设备（即应用层技术产品，如 Java、WAP、BREW 等）。其产品针对电信运营商、内容提供商、服务提供商与终端提供商，有直接提供和通过集成方式间接提供两种方式，对电信运营商以集成方式为主，对内容提供商、服务提供商、终端提供商以直接提供为主。

终端提供商（Terminal Vendor）：如华为、苹果、三星等公司，以客户的需求和网络技术标准为基础进行生产制造，并提供电信业务终端设备。

渠道商（Channel Provider）：批量购买电信运营商的业务或终端提供商的设备，再零售给客户，包括代理、直销、经销等多种方式，一般不承担产品售后服务。适合通过渠道商进行销售的电信业务主要是以卡的形式携带的个人业务，如上网卡、IP 电话卡、移动电话 SIM 卡等。所有电信业务终端设备都通过或都更多地依赖于渠道商进行销售。

其他电信运营商（External Network Provider）：其他能提供互联的电信网络运营商，包括固定本地网、长途交换网、移动通信网等。互联互通是通信的基本要求，也是服务质量的保证，但互为竞争对手的电信运营商在互联互通上有利益冲突时有时也会限制对方的互联。

服务提供商（Service Provider，SP）：是一种信息服务运营商，不参与网络运营，而是借助网络平台与业务应用平台来提供多媒体信息业务。运营管理功能主要是信息业务的二次开发、包装与更新，业务的提供主要通过运营商平台，而所有电信业务收入来自于电信运营商获得的业务收入的分成。通常同时存在着 3 种业务生产方式：自主开发、直接向内容提供商（CP）购买加工、与 CP 合作开发，同时部分 SP 具有门户功能，将电信增值业务作为其服务的一部分。

内容提供商（Content Provider，CP）：专业内容提供商，包括一些媒体制作组织，如新闻、影视、广播等机构，还包括其他娱乐、游戏、教育等原始内容提供者。这种内容与服务的开发基于通信网络一些应用平台，产品提供给服务提供商。通常很多 CP 本身就是 SP 或传媒公司，可以提供同类产品的跨行业服务。

虚拟网络运营商（Virtual Network Operators，VNO）：一般指本身没有电信网络资源，通过租用基础电信运营商的电信基础设施，对电信服务进行深度加工，再以自己的品牌提供服务的新型电信运营商。

互联网企业（Internet Operator）：是提供互联网内容和服务的提供商，这里特指那些向最终客户提供 **OTT**（Over The Top）业务的互联网企业，也称 OTT 运营商。这种业务和目前电信运营商所提供的通信业务不同，它仅利用电信运营商的网络，而服务由互联网企业自己提供。目前，典型的 OTT 业务有即时通信业务（如微信、QQ 等）、互联网电视业务（如优酷、腾讯视频、爱奇艺等）、应用商店（如苹果应用商店等）等。互联网企业利用电信运营商的宽带网络，直接面向客户提供服务和计费，使电信运营商沦为单纯的"传输管道"，根本无法触及"管道"中传输的巨大价值，成为挑战传统信息通信产业结构的重要力量。

上述网络式拓扑结构与传统模式相比，表现出复杂性、动态性和交叉性。复杂性是指多实体参与形成的网络层次的复杂性；实体功能交叉形成的网络"流"的复杂性；竞争与合作的双重性增加了节点关系的复杂性。动态性是指由主体变化、节点之间流的变化带来的网络结构的动态变化，为了适应市场的需求变化而出现的从一种网络结构向另一种结构演化调整的现象将会越来越普遍。交叉性是指不同的产业链因部分节点相同而产生的部分链条重叠的现象。信息通信产业的演变增加了企业管理的复杂性、企业生产经营活动的不确定性，也增加了参与者运营管理的难度。

本书中提到的信息通信企业包括了图1-9中所有类型的企业，但大部分时候我们将关注的焦点聚集在电信运营商与互联网企业两类服务提供商之间。

1.3.2 信息通信企业的主要运营活动

在介绍信息通信运营管理的内容体系之前，需要先了解信息通信企业管理的主要运营活动。eTOM概念模型对信息通信企业的主要运营流程、活动进行了系统的介绍。

前面提到运营是一个投入、转换、产出的过程，是一个劳动过程或价值增值的过程。运营管理是考虑如何对这样的运营流程进行计划、组织与控制。因此，运营管理最重要的对象是流程。只有对企业的运营流程进行深刻理解和梳理才能建立相应的管理体系。在信息通信领域电信管理论坛（Tele Management Forum，TMF）提出了信息通信业务标准流程框架（见图1-10）。

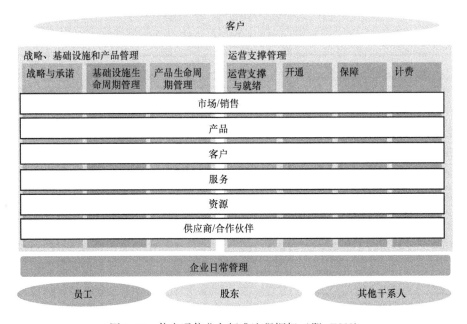

图 1-10　信息通信业务标准流程框架（即 eTOM）

TMF 提出的业务流程框架是以**信息通信服务提供商**（包括传统的电信运营商和新兴的虚拟

运营商）为核心构建的。图 1-10 是信息通信服务提供商运营管理业务流程框架的顶层企业级视图，也称为概念视图，直观地展现了信息通信服务企业运营所需要的业务流程，描绘了信息通信服务提供商所处的整个运营环境。图中采用体系架构分解的方式构建业务流程，成功地勾画出企业运营可能涉及的所有流程。**该框架的定义尽可能强调其普适性，目的是使框架能够独立于某个特定组织、技术和业务。**

业务流程框架的总体概念层代表了信息通信服务提供商的全部运营活动。图 1-10 中显示，信息通信企业的运营活动主要有三大板块：

1）战略、基础设施和产品管理（Strategy，Infrastructure & Product，SIP），覆盖企业产品/服务与基础设施的战略、计划与生命周期管理。

2）运营支撑管理（Operations，OPS），覆盖企业核心的运营管理。

3）企业日常管理（Enterprise Management，EM），覆盖公司业务的支持职能管理。

除此之外，eTOM 总体概念图中还着重突出了信息通信运营的六大职能，包括市场营销与销售、产品开发与管理、客户关系管理、服务开发与管理、资源开发与管理，以及供应商/合作伙伴开发管理。

随着数字经济的飞速发展，越来越多的信息通信企业运营不断创新升级，图 1-11 所示为某企业基于智慧中台能力，革新前台化配置的融合销售能力，引入智能工具，优化制度流程，提升组织协同力，构筑了"六个一"数智化运营服务底座，实现了政企业务销售、办理、开通、售后全流程提质提效，有效推进了政企市场高质量发展。

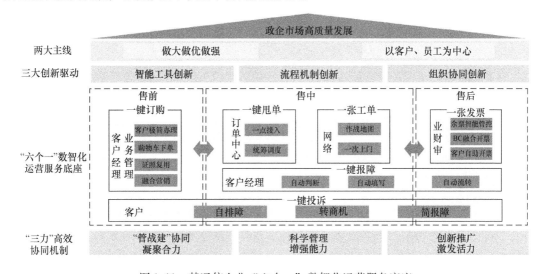

图 1-11　某通信企业"六个一"数智化运营服务底座

1.3.3　信息通信运营管理体系

信息通信运营管理（Information and Communication Operation Management）是运营管理的一个分支，运营管理又称为生产与运作管理，信息通信运营管理就是对信息通信产品生产及提供服务的过程或系统进行管理的活动。

传统的信息通信运营是单纯的网络运营，以通信网络为基础建立运营体系，网络投资计划、网络建设和网络管理是最主要的生产活动，即所有的运营以网络为中心，通过网络形成的能力向市场提供相应的通信产品，任何提升网络能力的新技术的出现都会极大推动产品的发展，进而刺激市场的发展，所以传统的电信运营呈现出显著的技术导向特征。

20世纪90年代多业务开始兴起，电信运营商在语音业务之外开拓了增值业务、数据业务，这时传统的以网络为核心的运营管理体系受到挑战，部分服务实现了计算机控制，如交换和计费等。ITU－T提出的电信管理网模型（TMN模型）和TMF提出的电信运营图（Telecom Operation Map，TOM）促进了信息通信运营支撑系统（Operation Support System，OSS）的发展和应用。

2000年以后，通信普及率大幅提升，市场的有序竞争也使得客户在同质化的产品中有了选择权，电信运营的重心逐渐转向客户及市场，对运营企业传统的网络运营体系提出挑战，要求运营企业以促进市场发展和满足客户需求为中心来组织企业乃至产业的生产。因此，各电信企业的运营管理加大了市场拓展、客户服务的投入，并不断探索更加高效的响应机制，而整个产业也不得不更加理智地站在市场发展空间的角度来配置自己的生产能力，即以市场导向为主、以技术导向为辅。这种市场导向与技术导向的"双轮驱动"打破了原有的产业格局，也深刻影响了运营体系。此时，电信运营商建设和发展了业务运营支撑系统（Business Operation Support System，BOSS），TMF提出了多个版本的演进电信运营图（eTOM），极大促进了运营企业的流程优化和管理系统建设。

近年来，通信运营企业逐渐将业务和网络分离，成为瘦运营商。同时在内部正经历着客户导向的流程整合，进入精益运营时期。所谓精益运营就是根据客户需求定义企业生产价值，按照端到端的业务流程组织全部生产活动，使要保留下来的、创造价值的各个活动流动起来，让客户的需求拉动产品生产，而不是把产品硬推给客户，并要通过不断完善达到尽善尽美。在运营支撑系统方面将在不断演进的eTOM框架指引下建设和发展下一代运营支撑系统（Next Generation Operation Support System，NGOSS），如图1-12所示。

当前信息通信运营的本质是围绕客户的通信需求，形成可满足这种需求的能力，并提供相应产品的过程。即客户决定了相应的产品与业务需求，对产业提出了相应的功能需求，从而带动产业投资网络建设，形成一定的网络资源后构建业务属性，并将各类业务组合成产品，最终提供给客户，满足其通信需求，同时不断增长的通信需求带动了新投资、新业务、新产品的形成。

由此，可将整个信息通信运营管理划分为客户关系管理、产品与业务管理、资源管理三大核心过程。同时，这三大核心过程的实现有赖于制定准确的运营战略、设计和建立运营良好的管理支撑体系。除此之外，运营的全过程还需要整合大量的多企业资源，即核心运营过程外部支撑资源，如网络设备、终端设备的提供，进行良好的合作伙伴管理。

因此，信息通信运营管理功能可以分解为两大部分，一是内部核心功能，包括产品与业务管理、客户关系管理、资源管理、战略管理和支撑体系管理五部分；二是外部整合功能，主要包括对设备制造商（及集成商）、系统及平台服务提供商、信息服务及开发提供商、渠道商等合作伙伴的管理功能（见图1-13）。

本书以此为基础，从第2章开始将分别介绍信息通信企业的战略管理、运营支撑管理体系的设计、业务与产品管理、客户关系管理、合作伙伴管理以及资源管理。

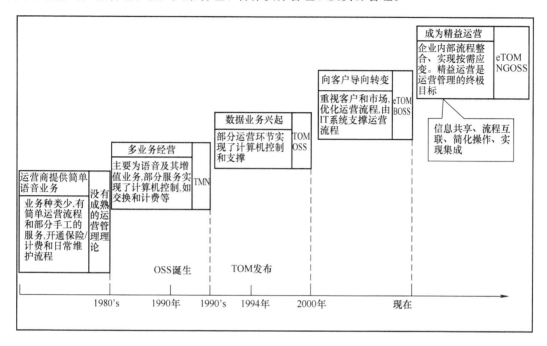

图 1-12　信息通信运营发展历程

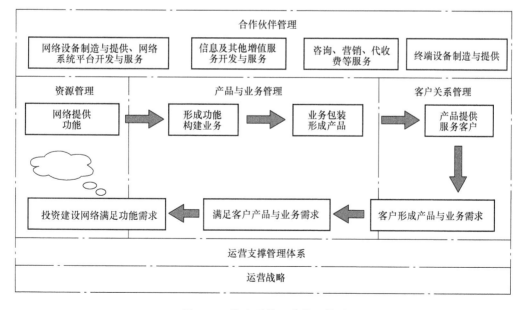

图 1-13　信息通信运营管理体系

如今，为早日实现全面数字化转型，部分企业按照赋能领域划分为公众、政企、网络、管理、数据五大中台，实现拉通整合共享全域核心业务、核心能力、核心数据、核心流程，并融合了数字化转型与智慧运营的理论指导，提出了以场景为王，基于智慧中台，构建技术、组织、流程"铁三角"数字化新运营体系，如图1-14所示。

图1-14　某通信企业数字化新运营体系

信息通信企业组织架构如图1-15所示。

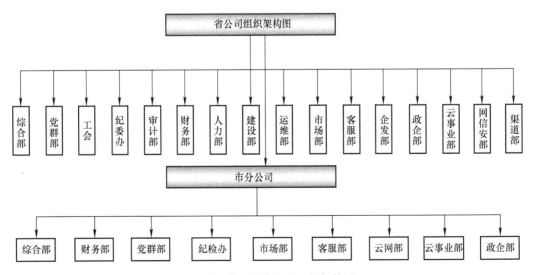

图1-15　信息通信企业组织架构图

省公司各构成部分如下：

综合部：负责公司综合办公、文秘，以及公司的综合性事务。

党群部：负责公司党建工作的统筹及组织。

工会：负责公司工会工作的统筹及组织。

纪委办：负责公司纪检工作的统筹及组织。

审计部：负责公司审计工作的统筹及组织。

财务部：负责公司财务工作的统筹及组织，包括预算管理、成本管理及财务合规管理。

人力部：负责公司人力相关工作的统筹及组织，包括薪酬核定、教育培训、干部选拔等。

建设部：负责公司资本投资统筹管理，工程项目建设管理及组织。

运维部：负责公司运维工作的统筹管理及组织，负责运维质量保证、运维成本管理、运维生产组织等。

市场部：负责公司市场发展的统筹管理及组织，包括经营策略制定、业务发展目标分解等，对公司的经营收入和业务发展负责。

客服部：负责公司客户服务相关工作的统筹管理及组织，对客户满意度、客户投诉及公司服务质量负责。

企发部：负责公司发展改革和组织变革相关事宜。

政企部：负责公司产数业务发展、政企客户服务等面向政企客户相关的生产活动组织及统筹管理。

云事业部：负责公司云业务能力建设及云业务发展支撑相关工作。

网信安部：负责公司网络安全、信息安全的统筹管理及组织。

渠道部：负责公司经营业务发展相关渠道的统筹管理和组织，包括各类厅店、代理点等。

下属市分公司各构成部分如下：

综合部：负责市分公司综合办公、文秘、人力、工会及安全生产的管理及组织。

财务部：负责落实省公司财务管理及相关生产的组织。

党群部：负责落实省公司党建相关工作的组织。

纪检办：负责落实省公司纪检相关工作的组织。

市场部：负责市分公司业务发展、渠道生产的管理和组织，包括经营策略和渠道活动落实等。

客服部：负责市分公司客户服务的管理，包括投诉管理、客户服务质量管理等。

云网部：负责市分公司云网生产的管理及组织，工程项目建设的管理及组织等。

云事业部：负责市分公司云业务发展支撑的相关工作。

政企部：负责市分公司产数业务发展的组织落实及市分公司政企客户服务的组织落实。

1.4　本章总结

现代生产与运营活动是一个社会组织通过获取和利用各种资源向社会提供有用产品的过程。运营管理是对所有运营活动的计划、组织、实施和控制，运营管理的对象是运营流程和运营系统。服务业的运营管理与生产制造业的运营管理的区别在于，运营的基本组织方式不同、产品和运营系统的设计方式不同、库存在调节供需矛盾中的作用不同、客户在运营过程中的作用不同、不同职能之间的界限划分不同，以及需求的地点相关特性、无形性的相关影响。运营管理的范围从核心范围（设计、生产技术和制造）不断"向宽"延伸，其内容分为运营战略决策、运营系统设计决策和运营系统运行决策三方面。运营管理的总体绩效通过社会、环境、经济三重底线来评判，运营管理的绩效目标分为质量、速度、可靠性、灵活性、成本等五个目标。信息通信企业包括电信运营商、电信网络设备制造商、运营支撑与应用平台商、终端提供商、渠道商、其他电信运营商、服务提供商、内容提供商、虚拟运营商、互联网企业。信息通信企业的运营活动分为战略、基础设施和产品管理，运营支撑管理，企业日常管理三个板块。

1. 课后思考

1）什么是运营？什么是运营管理？
2）运营管理的目标是什么？
3）运营管理的产出要素和资源要素是什么？
4）运营管理的核心内容是什么？
5）信息通信企业主要有哪些运营活动？
6）通信信息运营管理的主要内容有哪些？

2. 案例分析

华为公司创立于1987年，是全球领先的ICT（信息与通信技术）基础设施和智能终端提供商。目前华为约有20.7万名员工，业务遍及170多个国家和地区，服务全球30多亿人口。

华为公司拥有完善的内部治理架构，各治理机构权责清晰、责任聚焦，但又分权制衡，使权力在闭环中循环，在循环中科学更替。在治理层实行集体领导，不把公司的命运系于个人身上，集体领导遵循共同价值、责任聚焦、民主集中、分权制衡、自我批判的原则。坚持以客户为中心、以奋斗者为本，持续优化公司治理架构、组织、流程和考核机制，使公司长期保持有效增长。股东会是公司权力机构，对公司增资、利润分配、选举董事/监事等重大事项做出决策。董事会是公司战略、经营管理和客户满意度的最高责任机构，承担带领公司前进的使命，行使公司战略与经营管理决策权，确保客户与股东的利益得到维护。公司董事会及董事会常务委员会由轮值董事长主持，轮值董事长在当值期间是公司最高领袖。监事会是公司的最高监督机构，代表股东行使监督权，其基本职权包括领袖管理、业务审视和战略前瞻。自2000年起，华为公司聘用毕马威公司作为独立审计公司。审计公司负责审计年度财务报表，根据会计准则和审计程序，评估财务报表是否真实和公允，对财务报表发表审计意见。

如图1-16所示，ICT基础设施业务包括运营商业务和企业业务，其基于创新的产品与解决方案，构筑开放生态，服务运营商客户和政企客户，进而服务每个人、每个家庭和每个组织。

ICT产品与解决方案包括联接产业和计算产业。华为公司积极与产业界共同定义联接产业的5.5G，持续推动联接产业发展。计算产业与全球伙伴一起，围绕鲲鹏、昇腾及欧拉系基础软件构建数字基础设施生态，打造数字世界的算力底座，为用户创造更好的业务体验，同时使能客户商业成功。

全球技术服务基于在ICT领域30多年的交付与服务实践和经验，面向运营商、政府和企业

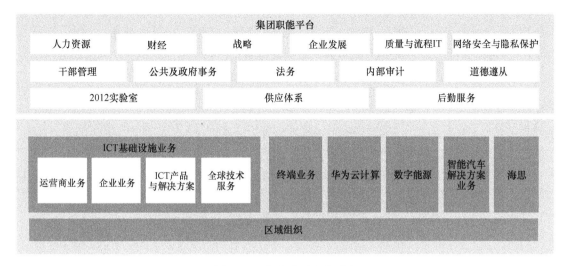

图 1-16　华为公司职能平台

提供服务与软件解决方案，围绕网络规划、建设、运维、优化和运营全业务流程，协同伙伴一道持续提升客户满意度，致力于为客户构筑绿色高效、安全稳健、极致体验的 ICT 基础设施，使能行业数智化转型。

终端业务以用户为中心，以产品为核心，打造全场景智慧化生活体验。围绕智能家居、智慧办公、智慧出行、运动健康、影音娱乐 5 大场景，构筑卓越用户体验，与伙伴携手共建生态，实现商业成功。

华为云计算面向客户提供稳定、可靠、安全可信、持续创新的云服务，致力于深耕数字化，一切皆服务，让云无处不在，让智能无所不及，共建智能世界云底座。

数字能源面向企业/行业客户提供智能光伏、数据中心能源及关键供电、智能电动等产品和解决方案，致力于将电力电子技术与数字技术相结合，为客户提供高质量、高效率、绿色低碳的电力电子产品，使能客户商业成功。

智能汽车解决方案业务将公司的 ICT 领域优势延伸到智能汽车产业，提供智能网联汽车的增量部件。智能汽车解决方案业务的目标是聚焦 ICT，帮助车企造好车。

海思定位于面向智能终端、家电、汽车电子等行业提供板级芯片和模组解决方案，为终端的数字化、网络化、智能化、低碳化提供感知、联接、计算、显示等端到端的技术能力，以芯片和器件基础能力赋能万物互联的智能终端，使能产业创新，助力客户商业成功。

随着数字经济的高速发展，大数据、物联网、人工智能等数字技术已逐渐融入人们生活的方方面面，数字包容成为时代发展的新需求。为了持续推进数字包容，华为公司发起了 TECH4ALL 倡议，致力于不让任何一个人在数字世界中掉队。2022 年，华为公司携手联合国教科文组织、世界自然保护联盟等全球 40 余家合作伙伴，在科技助力公平优质教育、科技守护自然、科技促进健康福祉、科技推进均衡发展等领域取得了有效进展，共同推进联合国可持续发展目标的达成，让数字世界更平等、可持续。

思考：

1）华为公司的主要运营活动有哪些？生产哪些产品？分别由哪些部门负责？

2）从运营管理的角度分析华为公司成功的原因是什么？

3. 思政点评

华为公司深厚的技术积累和自主创新，使其能够在之后面对霸凌和围堵时岿然不动、保持坚挺，其背后是华为公司未雨绸缪的远见、居安思危的忧患意识和多年艰辛苦练的技术内功。这份底气来自于自身的真实力，而背后是中国科技实力在世界舞台的崛起和日益强大的综合国力。华为公司是民族品牌的标杆，为各行各业树立了榜样，贡献了可贵的正能量。这份不惧"暴风骤雨"勇敢前行的坚挺，值得我们所有国人学习并为之骄傲。华为公司的成长与发展之路，是建立在动态地实现功与利经营和管理的均衡基础之上的，通过持续不断地改进与改善，华为公司不断强化与提升经营管理能力，进而使企业走上了一条良性发展之路。

第2章

信息通信运营战略管理

行业动态

- "量、利"齐增，三大运营商数字化转型初尝甜头

2023 年上半年，面对电信行业宏观需求不足等困难和挑战，三大运营商仍然保持了较好的业绩水平。中国电信产数赋能迸发更大活力，经营收入同比增长 7.6%；中国移动数字化转型业务快速增长，经营收入同比增长 6.8%；中国联通经营发展稳中有进，经营收入同比增长 8.8%。可以预见，在国家大力推动数字化转型的大背景下，三大运营商将带领我国的电信行业挺进数字化发展的新蓝海。

- 华为：持续创新，全面迈向 5.5G 时代

2022 年 7 月 18 日，2022 华为 Win – Win 创新周期间，华为公司常务董事、ICT 基础设施业务管理委员会主任汪涛发表了题为"持续创新，全面迈向 5.5G 时代"的主题演讲，提出"全面迈向 5.5G 时代"理念，和运营商与行业伙伴一起探讨面向未来 5 ~ 10 年行业整体代际演进、创新发展的方向，携手走向 5.5G 时代，创新共赢美好未来。

- 中国移动：从 IPv6 + 走向算力网络，技术演进与创新从未停歇

在 2022 年 8 月 22 日举行的"未来 IP 网络发展论坛上"，中国移动研究院副院长段晓东介绍，历经 20 年发展，中国移动公司已经建成全球最大规模 IPv6 网络，并实现 IPv6 技术创新和国际标准化突破；IPv6 + 时代，G – SRv6（Generalized SRv6）提出压缩帧头格式和转发机制，在支持现有 SRv6（Segment Routing IPv6，基于 IPv6 的段路由）所有特性的前提下彻底解决 SRv6 代价问题，成为新一代 IP 网络核心技术；面向算力网络时代，开创网随算动、算网融合到算网一体的算网共生发展，IP 网络迎来巨大的创新空间。

本章主要目标

在阅读完本章之后，你将能够回答以下问题：

1）关于运营战略基本概念——什么是运营战略？运营战略与企业整体战略有什么区别和联系？

2）关于信息通信企业运营战略的制定——战略制定的方法、步骤是怎样的？常见的战略分析工具怎么运用的？

3）关于信息通信运营战略的执行——从战略到执行之间有哪些管理上的障碍？战略地图和平衡记分卡如何帮助企业进行战略落地？

运营战略是运营管理中最重要的一部分，传统上企业的运营管理并未从战略的高度考虑运营管理问题，但是在今天，企业的运营战略具有越来越重要的作用和意义。运营战略管理是信息通信企业的运营管理的核心内容之一。

本章将先介绍信息通信运营战略的概念和特殊性，再对战略管理中最重要的两个环节——战略制定和战略执行进行重点解释。

2.1 运营战略与企业战略体系

2.1.1 运营战略的基本概念

什么是战略？这个词原本是一个军事名词，在军事上对战略的定义是："对战争全局的策划和指导，依据国际、国内形势和敌对双方政治、经济、军事、科学技术、地理等因素来确定"。但现在这个词用得非常广泛，尤其是在企业经营管理中。在一般运用中，战略泛指"重大的、带全局性或决定全局的谋划"。企业战略需要回答三个基本问题：

- 我们现在在哪里？即要弄清楚企业所处的环境，包括宏观环境、行业环境和竞争环境。
- 我们想到哪里去？即确定企业的发展方向和目标；满足哪些客户需求和为哪些客户群服务，预计取得的结果是什么。
- 我们如何到达那里？即应选择什么样的竞争策略。

运营战略是企业战略体系中的重要组成部分。针对运营战略的概念及定义有很多种不同形式的描述。

施罗德（Schroeder）、安德森（Anderson）和克莱沃兰德（Cleverland）将运营战略定义为四个组成部分：宗旨、特有能力、目标和策略。他们认为这四个部分有助于确定运营应该完成哪些目标和如何达到这些目标。最终的战略应能指导组织各部分的运营策略。

海斯（Hayes）和惠尔赖特（Wheelwright）给出了另一个定义，他们把运营战略定义为一种在运营决策中应遵从的模式。决策的一致性越好对企业战略的支持程度就越高；同时，他们也指出在运营中应如何进行决策并保持决策的一致性。他们强调运营战略的结果——决策模式的一致性。

斯金纳（Skinner）从运营决策和企业战略关联关系的角度对运营战略进行了定义。他指出运营和企业战略联系较差、步调不一致时，运营决策就常常表现为不一致和注重短期效益，结果导致运营与企业经营相背离。因此，改进的办法就是从公司战略中发展运营战略，因为公司战略定义了运营的主要任务（如何运营以保证经营成功），同时定义了一套连贯性的制定决策的运营政策。

希尔（Hill）阐述了应如何连接运营决策和市场战略。这是一种客户导向的方法，强调运营要满足客户需求，然后根据客户的需求来制定质量标准、工艺过程、能力配备、存货需求以及制定决策。

奈杰尔·斯莱克（Nigel Slack）和迈克尔·刘易斯（Michael Lewis）把运营战略分解为内容和过程进行研究，内容是指那些用来界定公司作用、目标和活动的特定决策及行为，过程是指用来制定这些特定的"内容"决策的方式。综合以上各位学者对运营战略的表述，并借鉴其他教材关于运营战略的定义，本书对运营战略的定义是：

为了使企业运营目标和企业总体战略目标协调一致，在企业战略的完整框架下，决定如何通过运营活动来达到企业的整体目标。它根据对企业各种资源要素和内外部环境的分析，对与生产运营管理以及生产运营系统有关的基本问题进行分析和判断，确定总的指导思想以及一系列决策原则。表现为针对企业的生产运营系统制定的一系列政策和计划的集合。

> 运营战略的提出始于美国。第二次世界大战之后，美国企业通过其市场营销和财务部门来开发其企业战略。由于战争期间产品极为匮乏，使得战后的美国对产品的需求十分旺盛，当时美国企业能够以相当高的价格出售他们生产的任何产品。在这样的企业环境中，人们不注意运营战略问题，只关心如何大量生产产品来供应市场。但是，到了20世纪60年代末期，被称为"运营战略之父"的管理大师——哈佛商学院教授威克汉姆·斯金纳（Wickham Skinner）认识到美国制造业的这一隐患，他建议企业开发运营战略，以作为已有的市场营销和财务战略的补充。
>
> 哈佛商学院的埃伯尼斯（Abernathy）、克拉克（Clark）、海斯（Hayes）和惠尔赖特（Wheelwright）进行的后续研究，继续强调了将运营战略作为企业竞争力手段的重要性，他们认为如果不重视运营战略，企业将会失去长期的竞争力。例如，他们强调利用企业生产设施和劳动力的优势作为市场竞争武器的重要性，并强调了如何用一种长期的战略眼光去开发运营战略的重要性。

生产运营活动是企业最基本的活动之一，为了达到企业的总体经营目的，必须将其所拥有的资源要素合理地组织起来，并且保证有一个合理、高效的生产运营系统来进行一系列的变换过程，以便在投入一定，或者说资源一定的情况下，使产出能达到最大或尽量大。

为达到这样的目标，企业首先需要考虑选择哪些产品组合来实现目标、为生产这样的产品需要如何组织资源要素、竞争重点应放在何处等。在思考这些基本问题时，必须根据企业的整体目标、战略确定一个基本指导思想或者说指导性的原则。

这样的指导思想及决策原则，就构成了运营战略的内容。

2.1.2　运营战略与企业战略体系

1. 企业战略体系

战略的本义是对战争全局的谋划和指导。企业战略是指把战略的思想和理论应用到企业管理当中，即企业为了适应未来环境的变化，寻求长期生存和稳定发展而制定的总体性和长远性的谋划。

　　企业战略体系可分为三个层次：公司战略、经营单位战略（又称为事业部战略）、职能战略（见图2-1）。三个层次的战略都是企业战略管理的重要组成部分，但侧重点和影响的范围有所不同。

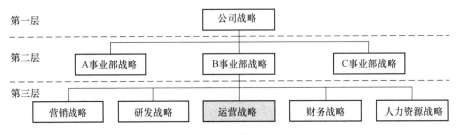

图2-1　企业战略体系

　　第一层，公司战略，又称为总体战略。通常情况下公司战略处于企业战略体系的最高层次。公司战略的任务是决定企业组织的使命，不断注视动态变化的外部环境，并据此调整自己的长期经营愿景和目标。除此之外，公司战略还需要在上述愿景、目标决策之下，选择企业可以竞争的经营领域，合理配置企业经营所需的资源，使各项经营业务相互支持、相互协调。可以说，从公司的经营发展方向到公司各经营单位之间的协调，从有形资源的充分利用到整个公司价值观念、文化环境的建立，都是总体战略的重要内容。这样的决策将从根本上影响一个组织的生存和未来的发展道路。

　　第二层，经营单位战略，即公司的二级战略。为提高协同作用，加强战略实施与控制，企业从组织中把具有共同战略因素的若干事业部或其中某些部分组合成一个经营单位（事业部）。每个战略经营单位一般有着自己独立的产品市场、经营任务，它们为了保证各自经营单位经营目标的实现，要制定相应的战略来确定方向、协调资源等，最终保证企业战略的实现。

　　第三层，职能战略，又称为职能层战略。职能战略是为实现企业总体战略和经营战略，对企业内部的各项关键的职能活动做出的统筹安排。主要涉及企业内各职能管理部门，如人力资源、财务和后勤服务等，目的是更好地为其他各级战略服务，从而提高组织效率。

　　运营战略属于组织的职能层战略，和其他两个层次的战略呈一种相互依存、相互制约的关系。很明显，即使在同一个总的公司战略之下，不同事业部的战略也不同，作为职能战略的生产运作战略的内容也就不同了。比如腾讯公司，分别设社交网络事业群、微信事业群、网络媒体事业群、互动娱乐事业群、移动互联网事业群、企业发展事业群、技术工程事业群共七大事业群。社交网络事业群的竞争战略可以是提供丰富、多元的应用，在商业上更加激进和开放，而微信事业群在商业上比较保守，侧重于帮助生态系统中的各类参与者提供更好的服务。那么相应的运营战略的重点也就不同，前者选择连接多终端，建立一个完整的连接用户和服务的生态体系，整合多种商业服务，并帮助平台中的企业做好营销；后者选择在打造服务生态体系的基础上做好公众号，帮助企业做好CRM（Customer Relationship Management，客户关系管理）服务。

　　如果企业没有经营单位的划分，企业战略则分为两个层次，作为职能级战略的生产运营战略直接负责支撑公司经营单位战略的任务。

2. 运营战略与公司战略的关系

运营战略与公司战略相辅相成,内容广泛。

公司战略是企业以未来为基点,为赢得长久的竞争优势而做出的事关全局的重大策划和谋略。是企业面对激烈变化、严峻挑战的经营环境,为求得长期生存和不断发展而进行的总体性谋划。主要涉及组织的远期发展方向和范围,理想情况下,它应使资源与变化的环境(尤其是它的客户需求)相匹配,以便达到所有者的预期希望。公司战略具有全局性、长远性、抗争性和纲领性的特性。

运营战略以支持公司战略的实施和公司目标的实现为最终目标,是企业根据公司战略意图和客户需求在构建生产运营系统时所遵循的指导思想,以及在这种指导思想下的一系列决策原则、程序和内容。运营战略的决策内容包括工艺、流程、基础结构和资源能力等。运营战略具有针对性、长远性、竞争性和策略性。

两者相同之处都是为公司的长远目标服务的,均具有长远性,都需要响应外部市场不断变化的客户需求。

两者的不同点主要表现为以下两个方面。

1)公司战略是企业的总体战略,必须对全局起指导作用,因此具有全局性和纲领性;运营战略相对更加具体,它是在公司战略指导下的一系列决策原则、程序和内容,因此具有针对性和策略性。

2)公司战略是企业在面对激烈变化、严峻挑战的经营环境时,为求得长期生存和不断发展而进行的总体性谋划,因此抗争性比较突出;运营战略在总体性谋划的指导下,针对不同环境制定不同的竞争策略,决定了企业在哪些方面打造自身的核心竞争能力,因此竞争性比较突出。

公司战略与运营战略的关系如图 2-2 所示。

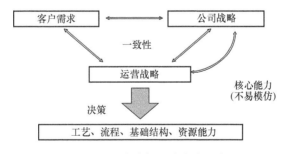

图 2-2　公司战略与运营战略的关系

3. 运营战略的内容

关于运营战略的形成,不同学者的看法和定义略有不同,其中主要有四种观点(见图 2-3)。

1)自上而下的运营战略。

2)自下而上的运营战略。

3)市场需求的运营战略。

4)运营资源的运营战略。

这四种观点当中的任何一种都不足以描绘出运营战略的全景,但综合在一起,它们可以帮助勾画出运营战略的内容。

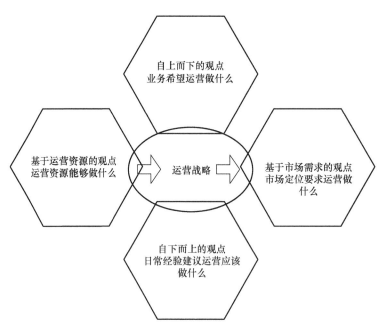

图 2-3　运营战略的四种基本观点

（1）自上而下的运营战略

有一种运营管理的观点认为应当充分考虑战略的体系架构。其主要影响是，业务需求决定战略方向。比如，一家信息通信集团公司要为消费者提供移动宽带综合业务。集团管理层都知道，从长远来看，只有那些拥有大量市场份额的公司才能实现可持续的盈利。因此，集团公司目标是强调市场支配，公司决定实现销售量的增长，并且把这个目标置于短期盈利和投资回报目标之上。这对于运营战略来说意味着它需要迅速扩张，投资额外的能力（如国际化经营、移动网络基础设施的升级换代和扩容、招募或培养国际化的员工），即使在某些领域意味着产能过剩。它还需要在其所有相关的市场建设新的经营和办公场所，这样才能更快、更好地为当地消费者提供服务。这里的关键点是，不同的经营目标可能会带来非常不同的运营战略。因此运营的角色很大程度上是实施或执行上一层的经营战略。

（2）自下而上的运营战略

自上而下的观点是一种普遍认同的运营战略（职能战略）的形成观点。但在实际环境中，战略体系的各个层面要复杂得多。虽然这是一种传统的战略思维方式，但这种体系模式并不一定代表着战略就总是这样形成的。当任何一个集团在审视自己的集团战略时，它都需要考虑构成集团的各种业务的环境、经验和能力。同样，当业务在审视其战略时，它们也会咨询业务部门各个职能的相关约束与能力，并会把来自于各个职能的日常经验的想法汇集起来。这样就产生了与自上而下的观点不同的另外一种观点，那就是许多战略想法来自日积月累的运营经验。有时候，公司朝着某一个战略方向推进，是因为现行的提供产品和服务的运营层面的经验让公司相信这样做是正确的。在这种情况下，公司或许没有高层面的决策用于分析不同的可选战略方案来选择最好的方案推进。所谓的高层战略决策，如果有的话，就是达成一致意见，提供资源，促使目标的有效实现。

这种由日积月累的运营层面的经验而形成的战略观点，有时称为**自发式战略**（Emergent Strategies）。战略是随着时间的推移形成于实际生活经验中，而不是基于理论定位。实际上，战略往往是以相对非结构化和零散的方式形成的，反映了未来至少是部分未知和不可预测的这样一种事实（见图 2-4）。这种运营战略的观点或许更能说明事物是怎样实际发生的，但是乍一看，或许在提供特殊决策指导时似乎用处更少。尽管自发式战略比较不容易归类，但是自下而上的观点的原理是清楚的：形成运营目标并行动。形成自下而上战略所需要的关键品质在于，一种从经营中学习的能力，以及持续不断逐步改善的哲学。

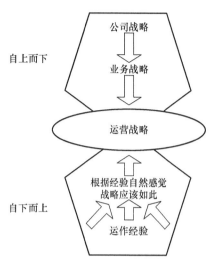

图 2-4　自上而下与自下而上的
运营战略观点比较

（3）市场需求的运营战略

对于任何组织，一个显而易见的目标是满足其市场需求。如果不能持续地、足够地服务于市场，那么没有哪种运营可能长期地生存下去。尽管了解市场通常被认为是市场营销职能的主要职责，对于运营管理来说也同样重要。如果对市场需求没有任何了解，很难保证运营能够在其绩效目标（质量、速度、可靠性、灵活性和成本）之间取得合理的平衡。

比如，如果客户尤其看重低价产品或服务，运营就需要强调其成本绩效。如果客户看重快速交付，对运营来说速度就很重要。这些定义客户需求的因素称为竞争因素（Competitive Factor）。

（4）运营资源的运营战略

基于资源观点（Resource Based View，RBV）的运营战略认为，具有高于平均战略绩效表现的公司很可能拥有资源方面的核心竞争力（Core Competencies/Capabilities），从而获得可持续的竞争优势。这意味着，一个组织先天固有的，或后天获得的，或新开发出的运营资源的模式，长期会对其战略的成功产生重大影响。而且，组织运营资源的能力（即核心竞争力）的影响如果不大于，也至少应该等同于组织从市场地位所获得的竞争优势。因此，了解和开发运营资源的能力，对于运营战略是一个特别重要的观点。

在战略决策中，我们通常需要区分哪些会决定运营架构，哪些会决定运营基础设施。运营架构决策是指那些被我们划分为具有重要影响的设计活动，而基础设施决策是指那些影响劳动力组织、交付（规划和控制）和发展（改善）的活动。这种运营战略中的区分有点类似于计算机系统中的"软件"和"硬件"。计算机的硬件限制了它能做什么。同样地，在先进技术方面投资、建设更多或更好的设施可以提供任何运营的潜能。在计算机硬件所限制的能力范围内，软件将决定计算机实际上能够多有效。如果软件能够充分发挥出计算机的潜能，那么最强大的计算机将能在其最大潜能下工作。运营也遵从同样的原理，最好的、最昂贵的设施和技术，也只有在运营具有相应的基础设施、能够保证其日常工作正常进行的情况下，才能发挥效力。

2.1.3 运营战略体系制定

完整的运营战略体系包括一般竞争战略、业务战略、产品战略、产品与服务竞争策略等，但企业在制定运营战略的时候往往偏向于解决某一方面的问题，因此不必面面俱到。

企业在进行了环境分析、市场预测及业务分析、竞争实力分析的基础上，下一步是针对企业运营战略的具体内容，提出各种不同的战略方案，并对其进行鉴别、研究。选择一般竞争战略、业务战略、产品战略、产品与服务竞争策略等。

1. 一般竞争战略

一般竞争战略被认为是企业运营战略的一部分，是在企业总体战略的制约下，指导和管理具体战略经营单位的计划和行动。企业竞争战略要解决的核心问题是，如何通过确定顾客需求、竞争者产品及本企业产品这三者之间的关系，来奠定本企业产品在市场上的特定地位并维持这一地位。

波特在《竞争优势》一书中提出了总成本领先、差异化和聚焦这三种战略定位。其中：

总成本领先：在价值链各个环节下的成本优化。实施总成本领先战略需要一个必要条件——注重节约的文化。

产品差异化：通常企业通过改变产品的客观特性来提高产品在客户心目中的价值，提升客户的主观感受。

聚焦：是在特定情境下（比如特定的人群或者产品）的总成本领先或者差异化战略。

在一定战略定位下，企业可选择的细化方案包含一体化战略、强化战略、多元化战略、防御战略、并购战略、合作战略，共六大类。详细选择方案见表2-1。

表2-1　战略定位下的细化方案

一体化战略	前向一体化	获得对分销商或者零售商的所有权或控制力
	后向一体化	获得对供应商的所有权或控制力
	水平一体化	获得对竞争对手的所有权或控制力
强化战略	市场渗透	通过更大的营销努力，求得现有产品或服务在现有市场上的市场份额的增加
	市场开发	将现有产品或服务导入新的地区市场
	产品开发	通过改进现有产品或服务，或者开发新的产品或服务，谋求销售额的增加
多元化战略	同心多元化	增加新的相关的产品或服务
	非相关多元化	增加新的不相关的产品或服务
	水平多元化	为现有客户增加新的、不相关的产品或服务
防御战略	收缩	通过成本和资产的减少对企业进行重组，保证核心业务发展
	剥离	出售业务分部或企业的一部分
	清算	出售企业的全部或部分资产，以换取现金收入
并购战略	收购	一家大企业购买一家规模较小的企业的战略
	合并	两个规模大致相当的企业合并为一个企业的战略
合作战略	合资	两家或两家以上的企业共同投资建立新企业
	联盟	两家或两家以上的企业通过契约形成合作关系

竞争战略的制定从SWOT分析的结论入手，首先针对企业面临的优势、劣势、机会、威胁来拟定可行的竞争策略，再对此进行鉴别和研究，最后筛选出最有可行性的竞争战略，举例如图2-5所示。

内部因素 外部因素	S(优势) S1 本地市场最大的移动通信运营商 S2 网络质量最好 S3 高端客户数量多 S4 服务质量最好 S5 通信业内拥有很好的品牌优势 S6 管理人员素质高	W(劣势) W1 只拥有移动牌照 W2 资费价格相对其他运营商较高 W3 3G上TD的话，建网成本高 W4 消费者还是有不满意的地方 W5 W6
O(机会) O1 国民经济持续高速增长，消费者可支配收入增长 O2 政府倡导信息化社会 O3 3G进入市场，提供了利润增长的机会 O4 全球通信业市场呈增长趋势 O5 国外市场对我国企业的开放 O6 三网融合给运营商带来了进一步发展的机会	SO战略(利用优势抓住机会) SO1 进军国外市场 SO2 处理好与广电系统的关系，三网融合 SO3 转型向信息化领域演进 SO4 利用现有优势发展3G SO5 SO6	WO战略(利用机会消除劣势) WO1 抓住3G的机会，争取上WCDMA，平稳过渡 WO2 如果上TD的话，争取政府的政策支持 WO3 发展IPTV，提高客户满意度 WO4 WO5 WO6
T(威胁) T1 我国市场移动通信牌照的增加 T2 携号转网降低消费者的转网成本 T3 单向收费的管制逐步松动 T4 互联网IP电话给传统运营商很大的压力 T5 外国运营商进入我国欲与国内营运商抢夺市场 T6 广电系统介入欲经营电信业务	ST战略(利用优势避免威胁) ST1 增加客户转移壁垒 ST2 抢夺潜在客户 ST3 利用外国运营商的优势，进行合作、学习 ST4 寻找与广电系统进行合作的可能性 ST5 ST6	WT战略(消除劣势避免威胁) WT1 转向海外市场投资 WT2 承担社会责任，进行公益事业 WT3 培养核心竞争力，增强竞争优势 WT4 WT5 WT6

图 2-5 某运营商的竞争战略选择举例

2. 业务战略

业务战略负责制定业务发展的方向。一般通过波士顿矩阵等分析模型对企业现有业务进行梳理，区分问题业务与有发展潜力的业务，明确对各类业务的处理办法。

业务战略的制定通常采用波士顿矩阵（BCG Matrix）或 GE 矩阵工具来进行。

波士顿矩阵是由美国大型商业咨询公司——波士顿咨询集团（Boston Consulting Group）首创的一种规划企业产品组合的方法。其关键在于要解决如何使企业的业务品种及其结构适合市场需求变化的问题，只有这样，企业的生产才有意义。同时，决定如何将企业有限的资源有效地分配到合理的业务结构中去，以保证企业收益。

其基本方法是：①评价业务前景；②评价各项业务的竞争地位；③表明各项业务在 BCG 矩阵上的位置；④以业务在二维坐标上的坐标点为圆心画一个圆圈，圆圈的大小表示企业每项业务的销售额。

BCG 矩阵将组织的每一个战略业务单位（Strategic Business Unit，SBU）标在一种二维的矩阵图上，从而显示出哪个 SBU 能提供高额的潜在利益，以及哪个 SBU 是组织资源的漏斗。以此区分出 4 种业务组合如下，举例如图 2-6 所示：

1）问题型业务（Question Marks）指高增长、低市场份额的业务。

2）明星型业务（Stars）指高增长、高市场份额的业务。

3）金牛型业务（Cash Cows）指低增长、高市场份额的业务。

4）瘦狗型业务（Dogs）指低增长、低市场份额的业务。

业务	销售增长率(%)	相对市场份额	收入/百万元
话音业务	26.30	0.68	6600.00
数据业务	65.00	0.75	1760.00
其他业务	23.00	0.60	440.00
	0.00	0.00	0.00
	0.00	0.00	0.00
	0.00	0.00	0.00

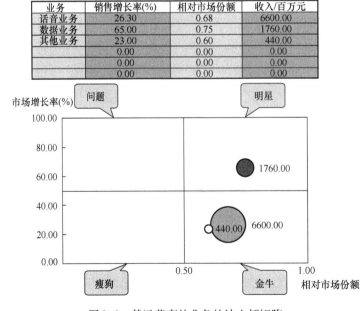

图 2-6　某运营商的业务的波士顿矩阵

通过四象限法的分析，企业将掌握业务类型的现状及预测未来市场的变化，进而有效地、合理地分配企业经营资源。

　　GE 矩阵是对波士顿矩阵的改进。GE 矩阵法（GE Matrix/Mckinsey Matrix）又称为通用电气公司法、麦肯锡矩阵、九盒矩阵法、行业吸引力矩阵。GE 矩阵可以根据事业单位在市场上的实力和所在市场的吸引力对这些事业单位进行评估，也可以表述一个公司的事业单位组合判断其强项和弱点。当战略规划需要对产业吸引力和业务实力进行广义而灵活的定义时，可以以 GE 矩阵为基础进行战略规划。因为 GE 矩阵可以说是为了克服 BCG 矩阵缺点所开发出来的。由于基本假设和很多局限性都和 BCG 矩阵相同，因此最大的改善就在于用了更多的指标来衡量两个维度。GE 矩阵的具体分析方法不是本书重点，可以参阅相关资料来了解。

3. 产品战略

　　产品战略决策决定企业新产品或新服务项目的开发或引进，现有产品的改良或改组，以及过时产品的淘汰。这是企业生产与运作管理中永远不会完结的一项经常性工作，特别是在当今市场需求日益多变、技术进步日新月异的环境下，这个问题变得更为重要。对于企业来说，这是经营成功的至关重要的一环，对于运营管理来说，这正是生产运营活动的起点。

　　企业的产品可分为核心产品、战略产品、新兴产品和边缘产品几类。产品选择战略类似于业务战略，其方法在此不再重复论述。

　　在新产品开发或引进，现有产品改良，以及过时产品淘汰等不同的产品战略决策中，首先需要考虑的是新产品开发。在新产品开发方面，通常采用的战略有领先型开发战略、追随型开发战略、替代型开发战略和混合型开发战略四种。

　　同时还可以采用产品组合决策，即指根据产品投产后其成本、赢利、市场占有率、竞争能力等因素的变化，对企业的生产品种、生产量所做的组合和调整，其中包括新产品的开发，现有产品的改良，以及对不同品种的产量的调整等问题。

　　产品战略决策还包括产品生命周期与生产进出策略。

　　制定产品战略需要从市场条件、生产运营条件和财务条件三个方面去考虑，每一方面都包括若干因素。企业在进行这样的决策时一开始也会提出多个候选方案。在众多因素中，如何理清相互关系、权衡轻重缓急呢？如何在多个候选方案中迅速做出选择呢？分级加权法是一个好方法，可以支持这样的决策。

　　见表 2-2，使用分级加权法时，首先列举进行产品决策时应该考虑的重要因素，按其重要程度分别给予权重，每一因素再分成几级分别打分，其分值和权重值相乘得出该因素的积分，最后将全部因素的积分相加得出一个方案的总分。对候选的每个方案都采用同样的方法打分，最后可通过每个方案得分的高低来评价其好坏。

表 2-2　分级加权法

主要考虑因素	（A）权重	（B）分级					（A）×（B）
		很好（40）	好（30）	尚可（20）	不好（10）	坏（0）	
销售	0.20	√					8
竞争能力	0.05	√					2
专利保护	0.05	√					2
技术成功的机会	0.10		√				3

（续）

主要考虑因素	（A）权重	（B）分级					（A）×（B）
		很好（40）	好（30）	尚可（20）	不好（10）	坏（0）	
材料（有无、好坏、供应及时与否）	0.10		√				3
附加价值	0.10		√				3
与主要业务的相似性	0.20		√				6
对现有产品的影响	0.20				√		2
总分	1.00						29

表 2-2 所列的主要考虑因素只是一个示例，不同企业在不同情况下，对主要考虑因素可能有不同选择。同理，对于权重的考虑，根据企业实际情况的不同，或者经营战略的不同，取值也不同。例如表 2-2 所示的例子把竞争能力看得较轻，但在另外一些情况下，可能应该给予更多的权重。分级的等级也可以有多种选择，例如分成 3 级或 7 级等。

4. 产品与服务竞争策略

产品战略决策是要决定企业应生产什么、提供什么服务。但是，与决定生产什么具有同样重要意义的还有另一个问题：决定如何生产或运作，即确定企业的产品或服务应具备什么特色，比如其地理位置的优越性、成本优势、质量优势、响应速度优势、柔性优势等。只有这样，才能与众多的竞争对手有所区别，才有可能取胜。

企业根据自己所处的环境和所提供的产品、生产运作组织方式等自身条件的特点，可以将竞争重点放在不同方面，例如成本、质量、时间、柔性等。表 2-3 表示常见的 4 组 8 个竞争重点。

表 2-3　企业常见的产品/服务竞争重点

项目	内容
成本	低成本
质量	高质量 恒定质量
时间	快速响应 按时交货 新产品开发速度
柔性	个性化的产品或服务 产量柔性

2.2　信息通信企业运营战略的制定

运营战略管理是对企业的生产经营活动实行的总体性管理，是企业制定和实施运营战略的一系列管理决策与行动，其核心问题是使企业自身条件与环境相适应，以求得企业生存与发展。结合信息通信运营的特点，本章主要介绍信息通信企业制定运营战略时考虑的影响因素、运营战略定位模式和运营战略的实施。

2.2.1　信息通信企业运营战略制定的主要内容

运营战略的制定是通过对企业内外环境因素的分析和组合来确定企业的运营目标、战略定位和战略实施的过程。

信息通信企业运营战略制定包括确定运营任务、分析外部机会与威胁、内部优势与劣势、确定运营目标、制定并选择战略、确定实施策略等，是一项很复杂的工作，大致可以分为以下几个方面。

1）环境分析。对社会的政治、经济、文化、技术等各个方面环境因素进行分析，要分析国内的、国际的，也要尽可能地考虑到一切对企业将来的经营会有影响的环境因素。

2）市场预测及企业业务发展状况的调查分析。

3）竞争实力分析。

4）鉴别和研究各种不同的备选方案。没有任何企业拥有无限的资源，所以战略制定者必须确定：在可选择的战略中，哪一种能够使企业获得最大的收益，并分析各种战略的特点，了解各种战略的优势以及局限性。

5）风险和意外事件分析。分析各种战略方案在什么情况下是不适用的，万一发生意外事件，对这种战略方案会有什么影响，需要做出哪些调整或更换哪些方案。

6）资源分配研究。即在各经营单位、职能管理单位之间，资本与劳动力等生产要素如何进行分配，以确保战略实施成功。

信息通信企业运营战略的制定，更重要的是进行内外部的环境影响因素分析。

2.2.2　信息通信企业运营战略制定步骤

企业运营战略的制定是一个动态的循环过程，从战略制定开始，经过落地实施，最后到战略反思、评价和修正等多个步骤。本书将其分为九个步骤，其中涉及战略制定的简单分为四个步骤，如图 2-7 所示。

1. 企业环境分析

企业环境分析包括外部环境分析和内部环境分析，外部环境分析的目的在于确认有限的、可以使企业受益的机会以及企业应当回避的威胁，内部环境分析则是找出企业的优势和劣势，以帮助企业保持清醒的头脑，有效整合内部资源。

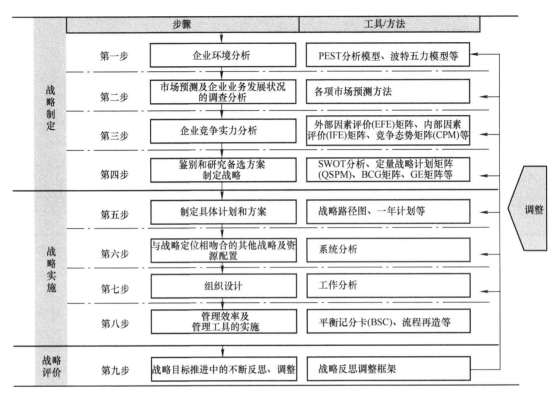

图 2-7 战略制定、实施及调整的步骤

（1）外部因素，包括外部宏观环境和竞争环境

1）外部宏观环境，包括外部的经济因素，社会、文化、人口和环境因素，常用 PEST 分析模型进行分析（见图 2-8）。

政治因素(Political factors)(+/–)	经济因素(Economical factors)(+/–)
– 税法 – 环保法 – 外贸法规 – 反垄断法 – 电子政务 – 政府稳定性 ……	– WTO – GDP大势 – 银行利率 – 通货膨胀率 – 失业率 – 工资/价格控制 ……
社会因素(Social factors)(+/–)	技术因素(Technological factors)(+/–)
– 生活方式变化 – 人口增长率 – 老龄化 – 出生率 – 消费者积极性 – 人口地区迁移 ……	– 新产品/新技术 – 科技产品化 – 互联网/宽带/5G – 专利保护 – 政府研发费用 – 工业研发费用 ……

图 2-8 PEST 分析模型

2）竞争环境，包括竞争对手类别分析、主要竞争对手分析，常用波特五力模型来进行分析（举例见图 2-9）。

外部因素的变化会影响对产品及服务需求的变化，影响被开发产品的类型、市场定位和细分战略的性质，影响所提供服务的类型，以及对收购或售出企业的选择，并且影响到产业链上下游。

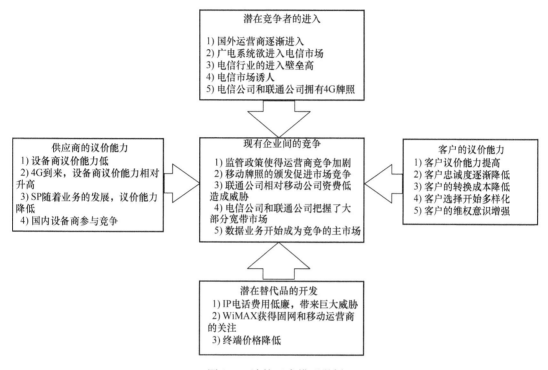

图 2-9　波特五力模型举例

（2）内部因素

在制定战略时，并非所有的外部、内部因素都要考虑，往往只考虑一些关键性的影响因素即可。内部因素分析是从企业能力和产品竞争力角度进行分析。

内部因素分析需要收集有关企业的管理、营销、财务、生产作业、研究与开发，以及信息系统运行方面的信息。

1）企业能力因素，是指企业在发展过程中完成各项预期任务和目标所必须具备的素质和技能。企业能力是企业所具有的、直接影响企业效率和效果的主观条件，它是一种产生于认知、行为和文化三个方面的互动作用力，是知识、结构和文化三个方面耦合的结果。

企业能力因素分析的基点是将现有企业能力进行分解后，与新业务活动必需的能力相对比，找出两者的差距，并制定提高企业能力的战略计划，从而使企业新业务计划得以顺利实现。

通常情况下，企业能力因素包括两大类，一类是职能领域的能力，一类是跨职能的综合能力，具体情况见表 2-4。对电信企业来说，营销能力和创新能力显得更为重要。

表2-4　企业能力因素分解及示例

项目	企业能力因素	示例
职能领域的能力	营销能力	敏锐的市场意识 准确的市场定位与恰当的广告促销
	研发能力	快速的产品、业务革新 较强的基础研究能力
	管理组织能力	融洽的管理气氛 高效的组织运行 较高的战略管理水平
	人力资源	有效的、广泛的、持续的员工培训 有效的激励体系
	财务能力	健全的财务管理体制 良好的现金流 较强的偿付能力
	管理信息系统的能力	完整的管理信息系统 较强的数据挖掘和信息分析能力
跨职能的综合能力	学习能力	良好的鼓励个人学习的氛围 企业作为整体能够通过实践进行学习的能力
	创新能力	鼓励创新的氛围 有效的创新方法
	战略性整合能力	有效的市场驱动和客户与供应商的关系 有效的战略氛围 有效的组织结构 构建健康的企业文化与在恰当时候进行文化变革的能力

① 营销能力：全球电信市场竞争激烈，电信市场的竞争正在趋向同质性竞争。从技术的角度来看，各大电信运营商的竞争是一场没有技术秘密、没有压倒性技术优势的竞争；从产品的角度来看，虽然各种业务套餐层出不穷，但归根到底，无非是语音、数据宽带业务、增值服务等几种有限业务的组合；从价格的角度来看，激烈的竞争使各大运营商都已面临价格战的底线；从客户体验的角度来看，各个运营商所能够提供的产品的差异性越来越小。面对着种类繁多、功能类似、价格趋同的电信产品，客户的选择余地越来越大，他们的要求也正在变得越来越挑剔，营销能力成了电信运营商用以竞争的重要基本功。

② 创新能力：全球电信市场普遍出现语音业务增量不增收、固网业务增长乏力的特点，传统电信业缺乏新的业务增长点及创新能力。传统电信业要实现可持续发展，必须转变长期以来以语音业务为主的运营模式，推动传统电信业的转型。关键之一就是推进运营业的业务创新，从传统的语音服务向移动化、数字化、多媒体化及综合化的方向拓展。

2）产品竞争力因素，对电信运营企业来说，产品一旦进入或准备进入市场，就要进行竞争力分析。产品竞争力是指一个地区的产品在市场上所处的地位，即产品在市场上有效争得市场份额的能力，产品竞争力是企业竞争力的最直接体现。产品竞争力因素包括价格因素和非价格因素。

①产品竞争力的价格因素：企业产品在价格方面的竞争优势主要体现在产品的成本优势上。成本优势是指企业的产品依靠低成本获得高于同行业其他企业的盈利能力。在很多行业中，成本优势是决定竞争优势的关键因素。企业一般通过规模经济、专有技术、优惠的原材料和低廉的劳动力来实现成本优势。当企业达到一定的资本投入或生产能力时，根据规模经济的理论，企业的生产成本和管理费用将会得到有效降低。

②产品竞争力的非价格因素：第一，技术因素。由技术带来的企业技术优势是指企业拥有比同行业其他竞争对手更强的技术实力，以及研究与开发新产品的能力。这种能力主要体现在生产的技术水平和产品的技术含量上。在通信行业，新产品的研究与开发能力是决定电信运营企业成败的关键因素。因此，一般都确定投入占销售额一定比例的研发经费，这一比例的高低往往能决定企业的新产品开发能力。运营企业的产品创新包括研究新技术，开发新产品与新业务，网络优化与改进，市场及客户研究等。另外，技术创新不仅包括产品技术，还包括创新人才，因为技术资源本身就包括人才资源。

第二，质量因素。由质量带来的质量优势是指公司的产品以高于其他公司同类产品的质量来赢得市场，从而取得竞争优势。由于企业技术能力及管理等诸多因素的差别，不同企业间相同产品的质量是有差别的。消费者在进行消费选择时，虽然有很多因素会影响他们的消费倾向，但质量始终是影响他们消费倾向的一个重要因素。在电信行业，具有质量优势的运营企业往往在行业中占据领先优势。

总之，运营战略的制定需要全面、细致地对各方面因素加以权衡和分析，一旦考虑不周，将会影响整个企业的生存与发展。

2. 市场预测及企业业务发展状况的调查分析

市场预测包括行业需求状况、行业供给状况的调查和预测。

行业需求分析，一般是通过对历史需求量的调查以及对影响需求量的因素进行分析来发现市场需求量的发展规律，并以此来预测未来需求量。行业需求分析一般包括行业历史需求量调查、影响行业市场需求因素分析和行业未来需求预测几个部分。预测方法包括趋势外推法、回归分析法、德尔菲法等。

（1）趋势外推法

趋势外推法是指对行业在过去 5 年或者更长时间内的需求量变化情况进行分析，然后以此为依据来预测行业未来需求。这种方法既可对行业进行整体预测，也可以对细分行业进行结构性预测。其典型步骤如下。

步骤 1：找出过去 5 年以上的需求量数据。

步骤 2：计算出历年平均增长率。

步骤 3：根据历史增长率推测外来需求量。

（2）回归分析法

回归分析法是根据行业过去的情况和资料来建立数学模型，并由此对未来趋势做出预测的方法。其典型步骤如下。

步骤1：选择相关变量。选择一个或多个相关因素，对其进行调查，找出相应的历史数据。

步骤2：建立回归方程，根据历史数据估计方程系数。

步骤3：由该方程求出未来的市场需求量

（3）德尔菲法

德尔菲法是听取专家关于未来市场需求发展方向的意见的方法。其主要步骤如下。

步骤1：预测准备。包括确定预测的课题及各预测项目，设立负责预测工作的临时机构，在组织内部和外部，广泛选择研究人力资源问题领域的专家，成立一个小组。

步骤2：专家预测。包括临时机构把预测表及相关背景资料送给各专家，要求专家对即将发生的情况，以及何时发生等问题以匿名的方式做出预测。

步骤3：收集和反馈。包括收集各专家的预测结果，临时机构对其进行统计分析综合第一轮预测结果，把综合结果反馈给各专家要求他们进行第二轮预测，收集反馈过程数轮。

步骤4：预测结果。在意见交流开始形成比较一致的看法时，这个结果成为可以接受的预测。

市场供给分析一般也是通过对现有供给量的调查以及影响供给量的因素进行分析，来预测未来供给量。

在对未来行业市场需求和供给进行预测后，我们将两者进行比较，就可以清楚地知道，行业市场未来的发展趋势是供大于求还是相反。如果我们再对行业进行细分，就能发现哪些子行业比较有发展潜力，哪些行业面临严峻挑战。

企业业务发展状况的调查分析主要是调查涉及业务的发展状况和在行业中的占比。

3. 企业竞争实力分析

（1）SWOT分析

企业竞争实力分析是将企业内部分析与外部分析相结合，进行SWOT分析。

SWOT分析被大量用于战略分析过程中，但它同时也是一个有效进行战略制定的工具。SWOT是优势（Strengths）、劣势（Weaknesses）、机会（Opportunities）和威胁（Threats）英文单词首字母缩写。一般来说，优势和劣势从属于企业自身，而机会和威胁来自外部环境。

1）优势，企业做得比较出色，尤其是与其他企业相比，具有优势的领域。比如充足的资金来源、良好的企业形象、技术力量强、管理优势大、规模经济、产品质量好、市场份额高、成本优势、广告攻势等。

2）劣势，与其他企业比，企业处于落后的方面。比如技术落后、管理混乱、缺少关键技术、研发落后、资金短缺、经营不善、市场份额低、竞争力差等。

3）机会，有利于企业发展或为其开辟生存空间的各种趋势及环境。例如新产品出现、新技术出现、新需求出现、外国市场壁垒解除、国家政策支持、竞争对手失误等。

4）威胁，存在潜在危险的领域。例如新竞争者加入、替代产品增多、市场紧缩、行业政策变化、经济衰退、客户偏好改变、突发事件等。

SWOT分析对关键的优势、劣势、机会、威胁的分析可分别通过EFE矩阵和IFE矩阵得到。

（2）EFE矩阵分析

EFE矩阵（External Factor Evaluation Matrix，外部因素评价矩阵）是一种对外部因素进行分析的工具，其做法是从机会和威胁两个方面找出影响企业未来发展的关键因素，根据各个因素影响程度的大小确定权重，再按企业对各关键因素的有效反应程度对各关键因素进行评分，最后算出企业的总加权分数。EFE 矩阵可以帮助战略制定者归纳和评价经济、社会、文化、人口、环境、政治、政策、法律、技术以及竞争等方面的信息。建立 EFE 矩阵的五个步骤如下。

步骤 1：列出在外部分析过程中所确认的外部因素，包括影响企业和其所在产业的机会和威胁。

步骤 2：依据重要程度，赋予每个因素以权重（0.00～1.00），权重标志着该因素对于企业在生产过程中取得成功影响的相对重要程度。

步骤 3：按照企业现行战略对各个关键因素的有效反应程度为各个关键因素打分，范围为 1～4 分，"4"代表反应很好，"1"代表反应很差。

步骤 4：用每个因素的权重乘以它的评分，即得到每个因素的加权分数。

步骤 5：将所有的因素的加权分数相加，得到企业的总加权分数。

举例如图 2-10 所示。

（3）IFE 矩阵分析

IFE 矩阵（Internal Factor Evaluation Matrix，内部因素评价矩阵）是一种对内部因素进行分析的工具，其做法是从优势和劣势两个方面找出影响企业未来发展的关键因素，根据各个因素影响程度的大小确定权重，再按企业对各关键因素的有效反应程度对各关键因素进行评分，最后算出企业的总加权分数。通过 IFE 矩阵，企业就可以把自己的优势和劣势归纳汇总，并刻画出企业的全部引力。建立 IFE 矩阵的四个步骤如下。

步骤 1：列出在内部分析过程中确定的关键因素，采用 10～20 个内部因素，包括优势和劣势两个方面的。首先列出优势，接着列出劣势。要尽可能具体，要采用百分比、比率和比较数字。

步骤 2：赋予每个因素以权重，其数值范围为 0.00（不重要）到 1.00（非常重要）。权重标志着各个因素对于企业在产业中成败的影响的相对大小，无论关键因素是内部优势还是劣势，对企业绩效有较大影响就应当得到较高的权重。所有权重之和等于 1.00。

步骤 3：为各个因素进行评分。1 分代表重要劣势；2 分代表次要劣势；3 分代表次要优势；4 分代表重要优势。值得注意的是，优势的评分必须为 4 或 3，劣势的评分必须为 1 或 2，评分以公司为基准，而权重则以产业为基准。

步骤 4：用每个因素的权重乘以它的评分，即得到每个因素的加权分数。

举例如图 2-11 所示。

在 EFE 矩阵和 IFE 矩阵分析之外，企业还可以针对竞争对手进行关键成功因素分析。可以采用竞争态势矩阵（Competitive Profile Matrix，CPM）来确认企业的主要竞争对手及相对于该企业的战略地位，以及主要竞争对手的特定优势与劣势。CPM 与 IFE 矩阵的权重和总加权分数的含义相同。编制矩阵的方法也一样。但是，CPM 中的因素包括外部和内部两个方面的问题，评分则表示优势和劣势。其编制步骤如下。

步骤 1：确定行业竞争的关键因素。

步骤 2：根据每个因素对在该行业中成功经营的相对重要程度，确定每个因素的权重，权重和为 1。

> 无论EFE矩阵包含多少因素，总加权分数的范围都是从最低的1.0到最高的4.0，平均分为2.5。高于2.5则说明企业对外部影响因素做出反应，即能够很好地利用机会，避免威胁；低于2.5则说明企业对外部因素的反应能力差，不能很好地利用外部机会

EFE矩阵			
关键外部因素	权重 (B=0.00~1.00)	评分 (A=1~4)	加权分数 (C=A×B)
机会：评分4代表反应很好，3代表反应超过平均水平，2代表反应为平均水平，1代表反应很差			
1）国民经济持续高速增长，消费者可支配收入增长	0.10	3.00	0.30
2）政府倡导信息化社会	0.10	2.00	0.20
3）4G进入中国市场，提供了利润增长的机会	0.07	4.00	0.28
4）全球通信业市场呈增长趋势	0.05	2.00	0.10
5）国外市场对我国企业的开放	0.10	3.00	0.30
6）三网融合给运营商带来了进一步发展的机会	0.06	2.00	0.12
威胁：评分4代表反应很好，3代表反应超过平均水平，2代表反应为平均水平，1代表反应很差			
1）我国市场移动通信牌照的增加	0.12	2.00	0.24
2）携号转网降低消费者的转网成本	0.12	4.00	0.48
3）单向收费的管制逐步松动	0.10	4.00	0.40
4）互联网IP电话给传统运营商很大的压力	0.07	3.00	0.21
5）外国运营商进入，欲与国内运营商抢今市场	0.05	2.00	0.10
6）广电系统介入，欲经营电信业务	0.06	2.00	0.12
总分	1.00	33.00	2.85

图2-10 采用EFE矩阵分析关键机会和威胁

IFE矩阵			
关键内部因素	权重 (B=0.00~1.00)	评分 (A=1~4)	加权分数 (C=A×B)
优势：A=4或者3，3代表次要优势，4代表重要优势。A以公司为基准，B以产业为基准			
1) 本地市场最大的移动通信运营商	0.11	3.00	0.33
2) 网络质量最好	0.11	3.00	0.33
3) 高端客户数量多	0.12	4.00	0.48
4) 服务质量好	0.11	3.00	0.33
5) 通信业内拥有很高的品牌优势	0.10	3.00	0.30
6) 管理人员素质高	0.10	3.00	0.30
劣势：A=1或者2，1代表重要劣势，2代表次要劣势。A以公司为基准，B以产业为基准			
1) 只拥有移动牌照	0.12	2.00	0.24
2) 资费价格相对其他运营商较高	0.10	2.00	0.20
3) 3G上TD的话，建网成本高	0.07	1.00	0.07
4) 消费者还是有不满意的地方	0.06	2.00	0.12
总分	1.00	26.00	2.70

总加权分数大大低于2.5的企业的内部状况处于弱势，而分数大大高于2.5的企业的内部状况则处于强势

图 2-11　采用 IFE 矩阵分析关键优势和劣势

步骤 3：筛选出关键竞争对手，按每个因素对企业进行评分，分析各自的优势所在和优势大小。

步骤 4：将各评分与相应的权重相乘，得出各竞争者各个因素的加权平分值。

步骤 5：相加得到企业的总加权分数，用于在总体上判断企业的竞争力。

举例如图 2-12 所示。

关键成功要素	权重	移动公司		联通公司		电信公司	
		评分	加权分数	评分	加权分数	评分	加权分数
1) 网络质量	0.13	1.00	0.13	1.00	0.13	4.00	0.52
2) 管理	0.10	3.00	0.30	2.00	0.20	2.00	0.20
3) 财务质量	0.12	4.00	0.48	3.00	0.36	2.00	0.24
4) 财务状况	0.10	3.00	0.30	2.00	0.20	2.00	0.20
5) 客户满意度	0.09	3.00	0.27	2.00	0.18	1.00	0.09
6) 市场份额	0.07	4.00	0.28	3.00	0.21	2.00	0.14
7) 全业务经营	0.10	1.00	0.10	4.00	0.40	2.00	0.20
8) 进入海外市场	0.03	3.00	0.09	2.00	0.06	2.00	0.06
9) 价格	0.06	2.00	0.12	3.00	0.18	3.00	0.18
10) 品牌	0.08	2.00	0.16	2.00	0.16	2.00	0.16
11) 业务内容	0.00	0.00	0.00	0.00	0.00	0.00	0.00
12) 广告	0.05	4.00	0.20	3.00	0.15	2.00	0.10
13) 创新能力	0.07	3.00	0.21	3.00	0.21	3.00	0.21
总分	1.00		2.64		2.44		2.30

注：4=最强，3=次强，2=次弱，1=最弱。加权分数大小用于比较竞争态势的强弱。

图 2-12　某运营商 CPM 分析结果

通过上述分析，企业可编制最终的 SWOT 分析结果，从而使得一幅描绘决策可能结果的图画清楚地呈现在决策者面前。某运营商的 SWOT 分析举例见表 2-5。

表 2-5 某运营商的 SWOT 分析

S（优势）	W（劣势）
本地市场份额最大的移动通信运营商 网络质量最好 高端客户数量多 服务质量好 通信业内拥有很高的品牌优势 管理人员素质高	还不具备全业务运营牌照 资费价格相对于其他运营商较高 3G 上 TD 的话，建网成本高 消费者还有不满意的地方
O（机会）	T（威胁）
国民经济持续高速发展，消费者可支配收入增长 政府倡导信息化社会 3G 进入我国，提供了利润增长的机会 全球通信市场呈增长趋势 国外市场对我国企业开放 三网融合给运营商带来进一步发展机会	我国市场移动通信牌照的增加 携号转网降低消费者转网成本 单向收费的管制逐步松动 互联网 IP 电话带给传统运营商很大的压力 外国运营商进入，欲与国内运营商抢夺市场 广电系统介入，欲经营电信业务

2.3 信息通信运营战略的执行和调整

战略制订很重要，但这仅仅是一个流程的开始。没有一个可执行的计划以及执行该计划所需要的资源，即使最卓越的战略也不过是一纸空文。一个卓越战略的失败，往往都是因为没有提供成功所必须的条件。

2.3.1 信息通信企业战略规划的执行

运营战略的实施是指企业通过一系列行政和经济的手段，组织员工为达到战略目标所采取的一切行动。运营战略的实施需要抓好四个主要环节。

（1）制定实施计划和方案

这些计划和方案是战略的具体化，是战略在某一时期、某一阶段或某一环节的具体实现。

企业战略实施计划通常用战略地图来进行设计。

"战略地图"以几张简洁的图表将原本数百页战略规划文件才能描述清楚的集团战略、SBU（Strategic Business Unit，战略业务单元）战略、职能战略直观地展现出来，"一张地图胜似千言万语"，战略地图是企业集团战略描述的一个集成平台。图 2-13 所示为一个战略地图模板。

战略地图的核心内容包括：企业通过运用人力资本、信息资本和组织资本等无形资产（学习与成长层面），才能创新和建立战略优势和效率（内部流程层面），进而使企业把特定价值带给市场（客户层面），从而实现股东价值（财务层面）。

战略地图的制定可分解为六个步骤。

步骤 1：确定股东价值差距（财务层面），比如说股东期望五年之后销售收入能够达到 5 亿元，但是现在只达到 1 亿元，距离股东的价值预期还差 4 亿元，这个预期差就是企业的总体

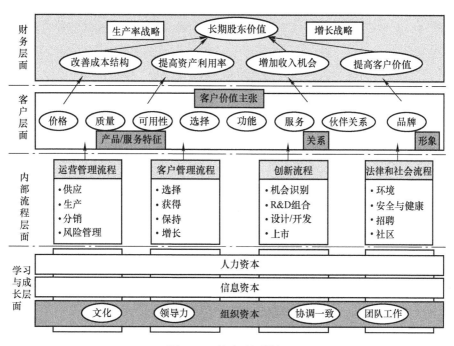

图 2-13　战略地图模板

目标。

步骤 2：调整客户价值主张（客户层面），要弥补股东价值差距，要实现 4 亿元销售额的增长，要对现有的客户进行分析，并调整你的客户价值主张。客户价值主张主要有四种：第一种是总成本最低，第二种强调产品创新和引领，第三种强调提供全面客户解决方案，第四种是系统锁定。

步骤 3：确定价值提升时间表。针对五年实现 4 亿元股东价值差距的目标，要确定时间表，第一年提升多少，第二年、第三年提升多少，将提升的时间表确定下来。

步骤 4：确定战略主题（内部流程层面），要找到关键流程，确定企业短期、中期、长期做什么事。有四个关键内部流程：运营管理流程、客户管理流程、创新流程、法律和社会流程。

步骤 5：提升战略准备度（学习与成长层面），分析企业现有无形资产的战略准备度，是否具备支撑关键流程的能力，如果不具备，要找出办法来予以提升。企业无形资产分为三类，人力资本、信息资本、组织资本。

步骤 6：形成行动方案。根据前面确定的战略地图以及相对应的不同目标、指标和目标值，再来制定一系列的行动方案，同时配备资源，并形成预算。

（2）资源分配

企业战略涉及企业全部资源，包括资金、人员、设备、原材料、时间、信息等的分配，战略需要从资源分配上得到体现和支持。

对于信息通信运营企业，内部的人、财、物（包括网络、设备、房屋等）等有形资产和所有无形资产（品牌价值、社会影响力等），以及外部所有相关产业链上的产品、合作伙伴（SP、CP 等）的策略、竞争对手的信息、主管部门的政策和消费者的意愿等都可以视为企业资源。

（3）组织设计

组织设计是保证战略实施的重要步骤，包括企业内部的领导体制、组织结构、权责分配等，有什么样的战略就应有相应的组织结构和运行机制与之相匹配。

（4）绩效管理工具的实施

战略实施的关键一步是落地实施，企业需要借助平衡记分卡将企业的具体战略和目标向下分解到各部门、各岗位的具体职责与日常考核指标体系之中。这一步通常经由平衡计分卡来实现，平衡计分卡使公司明确从战略意图开始逐级向下该做什么，并且避免了传统管理体系的缺陷，即不能把公司的长期战略和短期行动联系起来。此外，为配合相应战略的实施，企业可能需要对某些业务流程进行改造，以提高业务响应速度、提高服务质量或降低成本。平衡计分卡如图 2-14 所示。

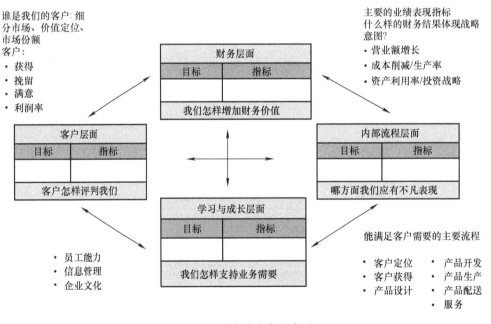

图 2-14　平衡计分卡示意图

企业所指定战略往往不能按照预期进行，通常会出现"定位不清"、"分解不细"、"执行不力"三大问题。某通信企业根据集团指导，持续深化聚焦战略落地工作，打造了"环境分析多审视"、"战略解码详规划"和"关键任务强执行"三把金钥匙，打开了高效高质量落地集团战略的大门，如图 2-15 所示。

同时，为保持高效执行，该企业以项目制管理方式推进战略解码重点任务的落地。在项目管理上，以项目目标承接战略目标的解码，以项目实施管控保障战略任务工作的开展，以项目变更落地战略复盘后的迭代优化，以结项评审确保战略任务目标的有效达成，如图 2-16 所示。

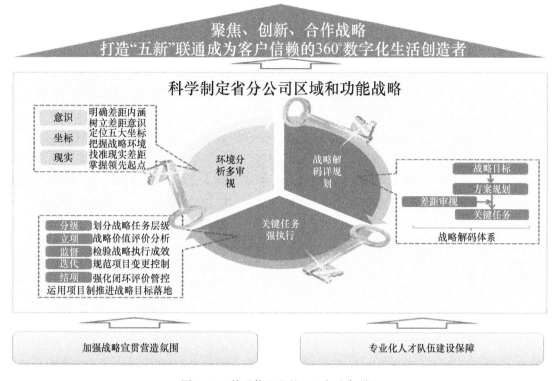

图 2-15　某通信企业的"三把金钥匙"

2.3.2　战略规划调整步骤

评价与控制是对企业战略实施进行评价以及采取必要的纠正行动的过程。在战略实施过程中，必须对战略的实施进行有效的评价与控制，从而保证企业战略的正确实施以及对战略的调整。由于企业在实施某个战略的过程中，企业的内外部环境因素是不断变化的，因此评价与控制活动一般包括以下三种活动或三个阶段。

1）监视和分析企业内外部环境的变化，并根据由此得到的信息重新评价企业战略的根据是否仍然成立。

2）测定企业的表现。采取什么样的方法或标准来测定企业的表现是一个十分重要的问题，如果这种评价表明企业战略的实施未能按进度进行，或者实施结果与预期相距太远，那么就有必要及时、准确地将信息反馈到各个可能造成这种差异的环节上。

3）采取必要的纠正活动，包括调整组织结构、人员安排、领导方式、资源配置等。如果这种差异不是起因于战略的实施过程，那么就必须调整或修改企业的政策、战略、目标，甚至宗旨，从而形成新的战略。

企业运营战略规划的反思和调整过程如图 2-17 所示。

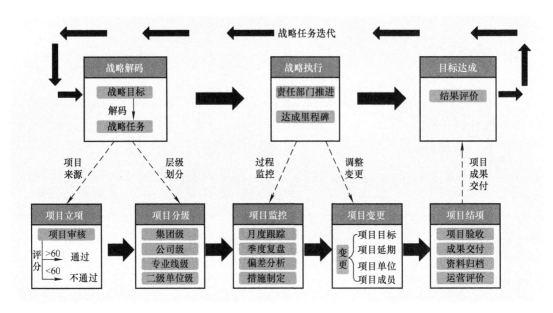

图 2-16　项目制管理对战略实施的闭环管控

2.4　本章总结

　　运营战略是针对企业的总体战略目标所制定的一系列政策与计划的集合，尽管在针对性、策略性以及竞争性方面与公司战略存在着差异，但其依然是企业战略体系的重要组成部分，并共同服务于不断变化的顾客需求。一个完整的运营战略体系应包括一般竞争战略、业务战略、产品战略、产品与服务竞争策略等。作为信息通信企业的运营管理的核心内容之一，运营战略的制定可划分为企业环境分析、市场预测及企业业务发展状况调查、鉴别和研究备选方案等多个环节。其中，趋势外推法、回归分析法、德尔菲法、SWOT 分析、EFE 矩阵分析、IFE 矩阵分析等研究方法，在战略制定的过程中得到了广泛应用。除此之外，利用战略地图等制定好实施计划和方案、合理分配资源和组织设计、平衡计分卡等绩效管理工具的设计与实施均能帮助卓越战略实现有效落地。同时可从战略基础稳定性校验、实际绩效校验等及时测试和分析企业内外部环境的变化，测定企业的表现。并采取必要的矫正活动，做好企业运营战略规划的反思与调整。

1. 课后思考

1）什么是运营战略？运营战略与企业整体战略有什么区别和联系？

2）战略制定的方法、步骤是怎样的？

3）怎样进行外部环境分析与内部环境分析？

4）怎样进行运营战略的评价？

5）什么是战略地图？

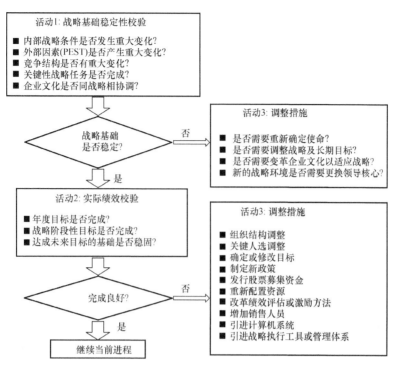

图 2-17 战略规划反思与调整步骤图

2. 案例分析

绿色生态激活乡村振兴：中国联通公司用"智"打造木兰溪样本

木兰溪是福建省东部独流入海的河流，发源于福建戴云山脉，天然落差 784m，干流总长 105km、流域面积 1732km², 是莆田的"母亲河"。

曾经的木兰溪水患频发，民间素有"雨下仙游东西乡、水淹莆田南北洋"的悲慨民谣；如今的木兰溪，绿色葱茏，生机盎然，白鹭翩飞，碧水安澜……从"谈溪色变"到"人水和谐"，木兰溪的巨变不仅仅成就了一个治水典范，更藏着乡村振兴的智慧秘密！

走向治理能力现代化，联通打造木兰溪样本

木兰溪由于上下游落差 784m，下游软基河道河床淤泥高、排水不畅、堤身脆弱，年年有小灾，十年一大灾。历史上莆田人民的"抗天歌"，不乏悲壮慷慨的篇章。

"变害为利、造福人民"既是目标，更是承诺。在国家领导人亲自擘画推动下，莆田坚持因地制宜，遵循科学规律，确定了木兰溪防洪工程的整体方案。

2003 年，木兰溪"裁弯取直"工程完成，原来 16km 的行洪河道，裁直为 8.64km，缩短 7.36km。2011 年，两岸防洪堤实现闭合、洪水归槽，结束了莆田市主城区"不设防"的历史。千年水患划上休止符，莆田从此再无洪水肆虐！治理之后的木兰溪再也没有发生过水灾，成为造福百姓的幸福河、发展河。

作为全国第一条全流域系统治理的河流，木兰溪在中国联通公司的接续助力下，走向治理能力现代化，打造出全国生态文明建设的木兰溪样本。

2019年2月，莆田联通公司在中国联通东南研究院的研究指导下，参与到莆田市河长制湖长制信息化系统建设项目建设中，持续以信息化为抓手，建立河长制湖长制长效机制，构建起覆盖莆田市、区（县）、镇、村在内的"3＋1"河长制湖长制体系，见图2-18。

图　2-18

莆田市河长制湖长制信息化系统实现了流域水环境物联感知监控网络、智慧河长制湖长制数据信息化监管服务、以数据化信息应用提升精准量化监管、可视化监管信息、智能化关联数据处理、全面化业务服务响应6大目标，通过"监测吹哨，管养报到"，建立智慧河长、生态云等平台，使木兰溪流域实现信息化管理，实现"河湖综治化、管理精细化、巡查标准化、考核指标化"，并实现"三管齐下"——一张蓝图管河、一条轨迹管人、一个标准管事，推进了城市治理能力现代化，见图2-19。

图　2-19

新科技加持，联通公司为乡村振兴注"智"增"慧"

木兰溪治理工程，历经巩固、提升和发展阶段，让莆田焕然一新。

在助力莆田生态治理现代化方面，莆田联通公司遵循莆田市生态环境大脑规划，由中国联通东南研究院构筑自主能力输出商业模式，立足改善水环境质量，搭建水环境检测感知能力体系，围绕提升生态环境监测与监察能力，建立了一个"大数据管理"系统。该系统环境信息感知准确、信息基础支撑安全可靠、信息资源开发合理、决策支持科学有效，实现了水环境信息化与生态环境业务充分融合、广泛共享和深度利用。

无人机从莆田市生态环境无人机自动巡查机库起飞，它将沿着既定轨迹开启木兰溪流域上空的巡逻工作。无人机主要用于木兰溪流域的水质监测，采用5G低空应用，结合5G蜂窝技术、4K VR技术、大数据及人工智能等新技术，实现数据采集、存储、计算及分析一体化作业，形成低空生态监控体系，赋能"天空地"一体化水环境监测，见图2-20。

图　2-20

除了无人机之外，莆田联通公司无人船也在木兰溪中忙着作业。无人船主要用于木兰溪流域水文流量流速测量/水下地形测量/水质采样等工作，并能搭载不同设备进行作业，实现人工遥控、自主航行、自动避障，可最大化保障人身安全、降低劳动强度、提高工作效率、提升数据精准度。

此外，莆田联通公司还推出了5G＋水质自动监测，以5G网络MEC（移动边缘计算）能力将水质监测实验数据实时上传水质监测平台，在木兰溪实现河道水环境全天候智能感知，通过建立河道水环境网格化监测体系，实现对水环境质量现状、变化趋势进行动态监测与实时预警，实现智能化木兰溪流域系统生态治理，展现出水清岸绿、景美宜居、人水和谐的新图景，见图2-21。

无人机、无人船、5G＋水质自动监测……相比于传统方式，这些新技术的使用不仅大大提高了巡检和监测效率，并且可通过无人化、智能化的方式，有效提升安全性，保证巡检人员安全，同时融入数字乡村建设，为乡村振兴注"智"增"慧"！

图 2-21

思考：

1）你觉得木兰溪的治理需要面对哪些外部问题，调动了哪些内部资源？

2）如果你是木兰溪的河长，你打算为木兰溪的治理制定怎样的战略，理由是什么？

3）有人认为将5G等新技术运用在传统乡村是一件成本高、见效慢、收益小的事情，你如何看待这一观点？

4）你认为木兰溪案例对我国的乡村振兴战略有怎样的启示？

3. 思政点评

● "绿水青山就是金山银山"，管好水资源不仅可以增强城市发展的可持续性和潜力，还切实影响到广大乡村地区的经济振兴工作。

● 中国联通公司承担的莆田木兰溪水域信息化建设项目，不仅为城市提供了一个功能全面、技术先进的数字化、智慧化管控范本，也为乡村振兴提供了更多的抓手，更为全国水域治理探索出了一条人与自然和谐发展的道路，对我国城乡水域管理水平的提高必将产生深远的影响。

第3章

信息通信运营管理体系

行业动态

- 5G 正在普及，6G 就快要来了。据相关报道，2021 年 9 月，华为公司轮值董事长徐直军签发总裁办电子邮件，预计 6G 将在 2030 年左右投向市场。

- 在 6G 专利方面我国已取得优势。在 6G 专利申请量方面，我国以 35% 的比例高居第一。未来 6G 将具有"智能"驱动，"快、准、全"的技术特性，相关技术特性也驱动了关键技术的产生，通信性能提升主要从频谱资源、网络架构和空口技术三个方面进行，业界普遍认为太赫兹技术、空天海地一体化技术、确定性网络技术和基于 AI 的空口技术等 6G 关键技术是未来发展重点。

- 2023 年 10 月，在第十四届全球移动宽带论坛（MBBF2023）上，华为公司以"将 5G – A 带入现实"为主题，聚焦 5G 下一步的发展和更多可能性，加速 5G – A 迈向商用。

本章主要目标

在阅读完本章后，你将能够回答以下问题：

1）关于运营管理体系的概念——运营管理体系有哪些核心板块？为什么说流程是运营管理体系的核心？

2）关于信息通信业务流程框架——eTOM 模型是什么？有几层？其实践指导意义是什么？

3）关于信息通信企业运营管理体系设计——什么是精益管理？精益管理体系设计的理念是什么？

4）关于信息通信运营管理平台——信息通信企业的 OSS/BSS/MSS 分别代表什么 IT 支撑系统？各自的功能是什么？

5）关于关键绩效指标考核制度——什么是信息通信企业的考核指标体系？什么是 KPI？什么是 PPI？

与战略管理相对应的运营管理概念认为，现代企业的全部管理工作一般可以分为两大类。一类管理工作是对关系企业全局性的发展方向做出决策，如制定企业新产品、新市场、新技术的发展方向，决定企业未来一定时期内经营和生产规模如何扩大，选定多种经营投资方向等。对这类问题的总体设计、谋划、抉择和计划实施，直到达成企业预期的总体目际的全过程管理，称为战略管理。另一类管理工作是在产品方向和市场方向既定的前提下，全力组织好产品的生产和销售工作。这一类工作经常反复地出现，周而复始地进行，并且通常可以制定出一套相对稳定的工作程序，使之规范化和标准化，我们将其称为运营管理。

本章首先介绍企业运营管理体系的框架，然后介绍这个体系中的核心构成部分——信息通信业务流程框架。接着再simultaneously介绍如何基于流程进行精益运营管理体系的设计。最后介绍支撑运营管理体系的另外两个重要组成部分：管理信息系统和关键绩效指标考核制度。

下面将介绍企业运营管理体系的框架，然后分别介绍该体系中的四大组成部分：信息通信业务流程框架、精益运营管理体系及其设计方法、管理信息系统和关键绩效指标考核制度。

3.1 企业运营管理体系

如果说战略管理更多关注的是效果，即"做正确的事"。那么战略的执行——运营管理关注的是效率，即"正确地做事"。与战略管理体系相对应的运营管理体系需要对企业运营活动进行有效的组织和控制，并提供各种资源和辅助。

1. 组织

组织是企业运营的载体。企业目标的实现，依靠的是高效的组织和有效的控制。组织架构是管理学中最基本的概念之一，也是多年来改变最多最快的领域之一。如果把运营一个组织比喻成盖房子，那么组织架构就是房子的框架，只有具备稳固的框架才能添砖加瓦，建成坚固的房子。如果组织架构不合理，就可能导致房子不牢固，甚至有倒塌的危险。每个企业都需要对组织架构进行思考，需要设立多少个部门、每个部门的岗位如何设置、每个具体岗位的工作职责是什么、具体需要多少人员等问题。

2. 流程

流程是指一个或一系列连续有规律的行动，这些行动以确定的方式发生或执行，并促使特定结果的实现；而国际标准化组织在 ISO 9001：2015 质量管理体系标准中给出的定义是："流程是一组将输入转化为输出的相互关联或相互作用的活动"。

建立端到端的流程可以让业务在不同职能部门之间的衔接变得顺畅，并提供快速的服务，同时降低人工成本、财务成本、管理成本，即降低了运作成本。国内流程管理水平比较高的企业都已开展端到端的流程，如华为公司的集成产品开发（Integrated Product Development，IPD）流程、集成供应链（Integrated Supply Chain，ISC）流程，这些流程都不同于企业部门内部或者相邻部门之间的细节流程。eTOM 模型给出了信息通信企业所有标准端到端业务流程框架。

3. 制度

制度是组织的运行规则，是组织目标实现的保障。

从一般意义上可以认为："制度是一个社会或组织的游戏规则，起着规范、约束人们行为的作用。"即制度核心本质就是规则，制度的基本作用是规范与约束人们行为。

企业制度根据层次的不同，包括管理规定、程序文件、工作标准、权限表、表单等方面。其中考核标准、绩效指标等都是企业制度所规定的范畴。

4. 信息化平台

信息化平台是由计算机硬件、网络和通信设备、计算机软件、信息资源、信息用户和规章制度组成的以协助处理企业各项业务和实施业务管理的辅助支撑平台。包括管理信息系统、决策支持系统、专家系统、各种泛 ERP 系统或客户关系管理、人力资源管理这样的专职化系统等。企业信息化平台是提升企业管控能力、提高运作效率的保障。

企业运营管理体系的整体概念框架如图 3-1 所示。

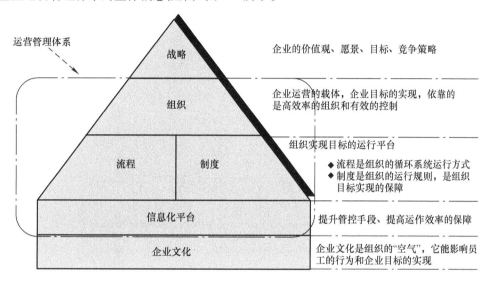

图 3-1　企业运营管理体系

近年来，5G、区块链、工业互联网等技术的发展，促进了大数据、物联网、人工智能等数字核心产业不断发展壮大，全社会数字进程持续加快，人口、流量福利消退，通信服务需求加快向信息服务需求转变。面对数字经济转型，通信运营商全面发力，多点突破，勇闯改革"深水区"，探索创新企业管理新思路、新模式，探索在"职能型组织架构"的基础上，通过"产品线、销售线矩阵式管理"的方式来促进体系化协同，"进一步健全和完善灵活高效的市场化经营体制机制，使企业运行活力和经营效率得到了显著提升。

3.2　信息通信业务流程框架

3.2.1　基于 eTOM 的业务流程框架

伴随着信息、通信和数字媒体产业的融合，数字化服务产业（Digital Services Industry）兴起，TMF 的业务流程框架为信息通信企业描绘了多技术、多业务和复杂技术管理环境下的运营管理流程元素及其关系，为运营企业搭建端到端的以客户为中心的运营流程之间的相互关联，即运营管理的核心过程——实现、保障和计费，同时还为运营企业搭建了关于战略、基础设施与产品、企业内部管理等运营管理方面的架构。

eTOM 模型，本质上是电信运营业务流程的整体蓝图，它主要包括对电信运营企业标准业务流程的规范描述，是 NGOSS（新一代运营系统和软件）的重要概念和关键组成元素。eTOM 模型采用自上而下的分解方式对企业运营相关的所有流程单元和活动进行层次化的描述。eTOM 模型最多可分为 6 个层次：Level0、Level1、Level2、Level3、Level4、Level5，但最近的版本一般只定义到 level3。eTOM 的 0 级（Level0）流程（process）从最高层面给出了 eTOM 业务流程框架的概念，从总体上设定了 eTOM 的研究范围和关注领域。1 级（Level1）流程显示了整个企业过程的处理细节，对于 CEO、CIO 和 CTO 来说更关注这个层次上的结构。2 级（Level2）和 3 级（Level3）以及更后面的层级是对上一层级流程的细化和分解，是设备供应商、软件开发商和系统建设人员关注的。

1. Level0 视图

如图 3-2 所示的是 eTOM 业务流程框架的概念架构视图（Level0），它提供了一个全局的运营管理环境，这个最高的概念级层面分为三个基本的流程区域，我们下面要进行更进一步的探讨。

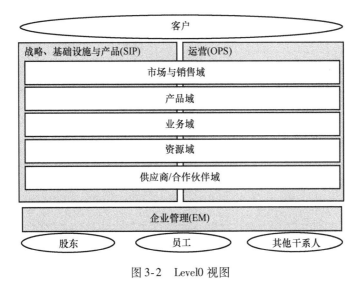

图 3-2　Level0 视图

1）运营（Operations Processes，OPS）流程区域，是企业的业务流程框架的传统核心。它包括了支持客户（以及网络）的全部运营管理流程，以及完成客户与接触的运营流程，如日常的运营流程、运营支撑及准备流程、销售管理流程、供应商/合作伙伴关系管理流程等。

2）战略、基础设施与产品（Strategy、Infrastructure and Product，SIP）流程区域，包括企业内部制定战略和获得战略承诺的所有流程，这些流程涉及与基础设施和产品的交付与更新换代相关的规划、开发与管理，还涉及供应链的开发与管理。在业务流程框架中，基础设施越来越不仅限于直接支持产品和业务的资源（即 IT 和网络基础设施），还包括了用于支持市场营销、销售、服务和供应链流程的运营和组织方面的基础设施，比如客户关系管理（CRM）。这些流程要指导和促进运营（OPS）流程区域内的流程。

3）企业管理（Enterprise Management，EM）流程区域，包括经营和管理任何大型业务所需要的基本业务流程。这些通用流程着重于设定和达成公司的战略意图和目标，并且为整个企业提供必要的支持服务，通常被视为公司职能及相关流程，比如财务管理、人力资源管理流程等，由于企业管理流程要为企业内部提供通用支持，根据需要，这些流程与企业内的几乎任何其他流程都有接口，如运营、战略、基础设施或产品流程。

eTOM 商务流程框架的概念视图不仅显示出上述三大流程域，还以水平层次的形式显示了 6个支撑功能流程域。

1）市场与销售域（Market and Sales Domain），包括销售和渠道管理、市场营销管理。

2）产品域（Product Domain），包括产品管理和产品套餐管理。

3）客户域（Customer Domain），包括管理客户界面、客户关系、订单和计费流程、客户问题处理，以及所有类型的与客户相关的运营流程。

4）业务域（Service Domain），包括处理业务开发以及业务能力提供、业务配置、业务问题管理、质量分析、评级等。

5）资源域（Resource Domain），包括处理资源基础设施（信息通信网络和 IT、应用、计算等）的开发、提供及其运行管理。

6）供应商/合作伙伴域（Supplier/Partner Domain），包括处理企业与供应商/合作伙伴之间的交互，同时涵盖供应链的开发和管理、供应链支撑产品和基础设施，还有支撑与供应商/合作伙伴之间的运营界面。

除此之外，框架还涉及与企业产生交互的主要实体，包括：

1）客户（Customer），即企业产品的销售对象，是企业业务的核心。

2）供应商（Supplier），提供资源或其他能力的实体，企业购买或使用其资源或能力，以便直接或间接支持企业的业务。

3）合作伙伴（Partner），与企业在某共享的业务区域内进行合作的实体。

4）员工（Employee），为企业工作以达成业务目标的成员。

5）股东（Shareholder），指向企业投资并拥有股份的实体。

6）利益相关者（Stakeholder），指对企业承担除股份之外的义务的实体。

但是，仅有这样的概念架构是远远不够的，业务流程框架要在信息通信服务提供商的运营管理中得以运用，还需要进一步分解出更详细的流程组群。在企业的实际运用案例中，其分解可以到最细微的第 6 层。但在本书中，我们只介绍处于基本原理层面的前 2 级分解。

2. Level1 视图

eTOM 要尽可能定义得很通用，因此，它通常独立于组织、技术和业务。与 TOM 不同，eTOM 扩展为一个完整的企业框架，并且填补了企业管理过程、市场过程、客户保有过程、供应商和合作伙伴管理过程之间的鸿沟。

基于 eTOM 的概念性框架，eTOM 业务流程框架进一步分解为一组流程单元组，称为 1 级（Level1）。在这个层次上显示了整个企业流程的处理细节。对于 CEO、CIO 和 CTO 来说，更关注这个层次上的结构，因为这些流程的实施效果决定了企业的成功与否。为强调以业务驱动和客户驱动为中心，eTOM 从两个不同的视角来细化和分组业务流程。

1）垂直的流程分组：该分组描述了端到端的流程，如整个计费流程。

2）水平的流程分组：按职能架构进行分组，描述了面向功能的流程，体现了供应商开展业务所需要的主要专业知识技能区域，如管理供应链所涉及的流程。

垂直流程分组和水平流程分组形成 eTOM 业务流程框架交织矩阵式的结构，这种矩阵式的结构是 eTOM 业务流程框架的创新和优点。它第一次提出了一种关于流程单元的标准语言和结构。不管是设计还是管理运营端到端业务的人员，还是负责建立这些流程单元能力的人员，都可以理解和使用这些标准。

所有这些流程综合起来为信息通信业务提供商提供了企业级的流程框架。随着对流程单元的细化，每一级又分解为一组更低层次的单元，如0级分解为1级，1级分解为2级，以此类推。

由于这些过程直接决定企业是否成功，故也称为 CEO 视图。在 level1 视图中运营过程和战略、基础设施与产品过程被分解为7个垂直的流程组和6个水平的流程组，如图3-3所示。

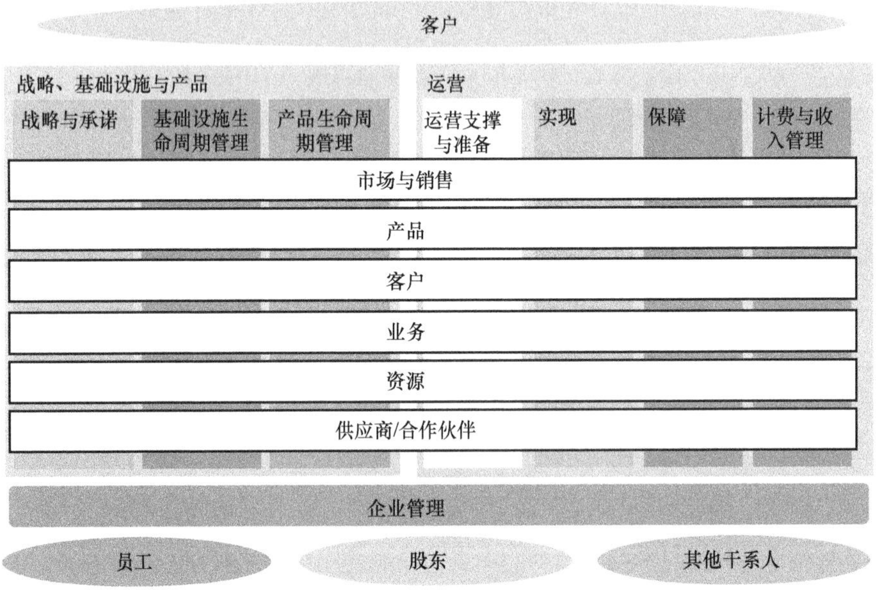

图 3-3　Level1 视图

（1）运营域流程

运营域是信息通信服务提供商的核心，其纵向端到端流程划分为三大组群——FAB（Fulfillment、Assurance、Billing and Revenue Management，实现、保障、计费与收入管理）流程组群。与 FAB 交叠的横向第一级流程代表了与职能相关的活动，分为6大职能组群——市场与销售、产品、CRM、业务管理与运营、资源管理与运营，以及供应商/合作伙伴关系管理。而纵向的运营支撑与准备（Operations Support and Readiness，OSR）在框架中与 FAB 分开，表示 FAB 中"前台"（front - office）的实时运营与"后台"（back - office）的准实时（或离线支持）流程的区分，并不是所有的企业在运营管理过程中都有这种区分，在不区分的情况下，OSR 和 FAB 流程可以合并，见图3-4。

1）OPS 域纵向端到端运营流程组群：信息通信服务提供商向客户提供服务的是纵向端到端运营流程组群——实现、保障、计费与收入管理（FAB），位于框架的运营（OPS）流程区域，还有运营支撑与准备（OSR）组群。FAB组群有时又被称为客户运营流程，这个流程组群是任何产业、任何企业在向客户提供产品或服务时都需要的核心运营流程，但对于不同行业中的不同企业，由于其企业职能构成各有差别，因此在具体实施的细节上会有所不同。具体到信息通信服务提供商，这些流程要完成的主要活动如下。

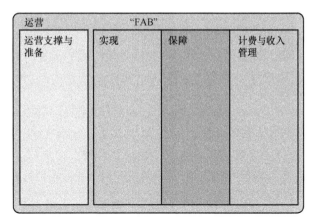

图 3-4　业务流程框架运营域纵向端到端流程

① 实现（Fulfillment）：该端到端流程组群要以正确的方式及时向客户提供所需的产品。它将客户的业务需求或个人需要转化为一种解决方案，由企业产品组合中的某些特别产品来提供。实现流程要完成与客户的交互，通知客户订单状态，保证按时完成交付，并使客户感到满意，也就是从订单到交付的过程。

② 保障（Assurance）：该端到端流程组群要主动或被动地执行维护活动，保障向客户提供的服务或产品总是可用，并能达到 SLA 或 QoS 规定的服务等级和质量要求。

③ 计费与收入管理（Billing and Revenue Management）：该端到端流程组群要收集与客户相关的业务使用记录，确定计费和账单信息，及时准确地生成账单，向客户提供业务使用情况信息的预账单和收费账单，处理客户的支付，执行收账。此外，它还要处理客户的账单咨询，负责解决账单疑问，及时满足客户要求。这组职能同样要支撑业务的预付费的实施。

④ 运营支撑与准备（OSR）：该端到端流程组群要为上述 FAB 流程组群提供日常管理、物流和行政管理支撑，并保障 FAB 的运营就绪。

2）OPS 域横向运营职能流程组群：为了支撑前述端到端纵向业务运营流程的实现，业务流程框架的 OPS 域在横向被划分为 6 组职能流程组群，分别为支撑并管理市场与销售、产品、客户、业务、资源、供应商/合作伙伴等方面的运营活动（见图 3-5）。横向职能流程组群往往对应于信息通信服务提供商的

图 3-5　业务流程框架运营域横向职能流程组群

组织结构中的职能部门，虽然不同的服务提供商的组织结构有差异，其职能部门的命名也会不同，但要完成的职能却是类似的。

① 市场与销售（Market and Sales）：提供必要的销售流程和销售支撑职能。

② 产品流程组群（Product Process Groupings）：提供维持现有产品目录的必要流程，以及为销售和 CRM 提供必要的相关流程。

③ 客户关系管理（CRM）：包括获得客户、加强和维持客户关系的所有必要职能。处理客户需求，涉及客户服务和支持。还涉及客户维持管理、交叉销售（Cross Selling）、追加销售（Up Selling）和直接市场营销。CRM 还要收集客户信息，分析和利用这些信息向客户提供个性化、定制化和综合化的服务，并发现客户对于企业增值的机会。

CRM 不区分人工的或自动的客户互动，也不区分基于纸张、电话、网络交易或其他类型的互动。

④ 业务管理与运营（Service Management and Operations，SM&O）：着重于与底层业务（接入、连接、内容等）相关的知识管理，完成对客户所需信息通信业务的管理和运营，其重点是业务的提供和管理，而不是对更底层的物理网络和信息技术的管理。

⑤ 资源管理与运营（Resource Management and Operations，RM&O）：要完成资源（应用、计算和网络基础设施）维护的知识管理，同时管理所有用于提供和支持客户所需业务的资源，以保证网络和信息技术基础设施可以支持客户所需业务的端到端提供。该职能要保障基础设施顺畅地运转，能够被业务或被员工所用，被妥善维护，能够直接或间接地回应业务、客户和员工的需要。RM&O 还具有收集资源信息的基本职能，要对信息进行整合、关联。在多数情况下，对数据进行综合后，把相关信息传送给业务管理系统，或者对相应资源采取措施。

⑥ 供应商/合作伙伴关系管理（Supplier/Partner Relationship Management，S/PRM）：该职能支撑核心运营流程，包括与服务客户相关的 FAB 端到端流程以及职能运营流程。供应商/合作伙伴关系管理（S/PRM）流程要与供应商或合作伙伴方的客户关系管理流程紧密同步。业务流程框架中划分出供应商/合作伙伴关系管理流程，是为了搭建与相应的生命周期、端到端客户运营相关的直接接口，或供应商/合作伙伴的职能流程接口。这组职能要提出需求、跟踪需求直到交付，必要时协调需求与外部流程对接，处理问题，检查订单的有效性，授权支付，以及对供应商/合作伙伴的质量管理。

需要注意的是，当企业把产品销售给供应商/合作伙伴时，是通过企业的 CRM 流程进行的，此时企业本身扮演的是供应商的角色。而供应商/合作伙伴流程只负责企业向供应商/合作伙伴购买服务或产品。

（2）战略、基础设施与产品域流程

战略、基础设施与产品（SIP，见图 3-6）域的流程包括：企业内制定战略和获得战略承诺的流程；基础设施与产品的交付和更新换代的规划、开发与管理；供应链开发与管理。其中，基础设施现在不仅仅是指直接支持产品和业务的资源（IT 和网络）基础设施，还包括了用于支持市场营销、销售、服务和供应链流程的运营和组织方面的基础设施，比如 CRM 系统。SIP 域的流程要指导和促进 OPS 域内流程的实施。

SIP 域中的横向职能组群与 OPS 域中的横向职能组群相对应，因此企业在某些业务活动需要的情况下，SIP 和 OPS 两个域中相关的流程可以很平滑地进行关联。

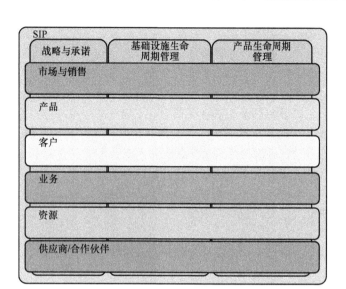

图 3-6　业务流程框架战略、基础设施与产品（SIP）域流程

1）SIP 域纵向端到端流程组群：SIP 域的纵向端到端流程划分为三组：战略与承诺、基础设施生命周期管理和产品生命周期管理（见图 3-7）。战略与承诺流程组群侧重于企业内部特定业务战略的制定，在企业内部获取承诺。产品生命周期管理流程组群驱动和支持产品的市场投放，而基础设施生命周期管理流程组群提供产品所赖以存在的全新或更新换代的基础设施。这些端到端流程的重点是满足客户期望，要么是通过提供产品，要么是提供支持产品和运营职能的基础设施，或者是借助于共同向客户提供产品的供应商/合作伙伴来实现。

① 战略与承诺（Strategy and Commit）：该端到端职能负责制定支持基础设施与产品两个生命周期流程的战略，还负责在企业内获得支持这些战略的业务承诺。这包括了所有层面的运营，从市场、客户和产品到所依赖的业务和资源。战略与承诺流程的重点是战略分析和承诺管理，要在企业内制定专门的业务战略，获得战略实施的承诺，需要跟踪战略的成功与否和有效性，并根据要求进行调整。

② 生命周期管理（Lifecycle Management）：生命周期管理流程是核心运营流程和客户流程的驱动力，目标是满足市场需求和客户期望。生命周期流程的绩效关系到客户的保持和企业的竞争力。业务流程框架中端到端的生命周期管理流程

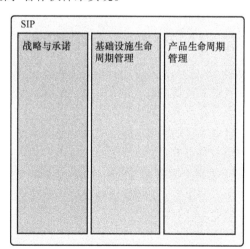

图 3-7　SIP 域纵向端到端流程组群

分为两组，即基础设施和产品的生命周期管理，两者从引入新基础设施或新产品的角度，都具有开发和部署的特性。基础设施生命周期管理负责处理新基础设施的开发与部署，评价基础设施

的绩效表现，并采取措施满足绩效承诺。产品生命周期管理负责处理新产品的引入，以服务产品的形式提供给客户，评价产品表现，并采取措施改善产品表现。两组端到端生命周期管理流程互相作用。

基础设施生命周期管理（Infrastructure Lifecycle Management）：定义、计划、部署和实施所有必需的基础设施（应用、计算和网络）和业务能力（运营中心、架构体系等），这些与资源层或其他职能层相联系，要有发现新需求、新业务能力，并设计和开发全新的或更新换代的基础设施。基础设施生命周期管理流程响应来自于产品生命周期管理流程的需求，如单位成本削减、产品质量提高或新产品等需求。

产品生命周期管理（Product Lifecycle Management）：定义、计划、设计和实施企业产品组合中的所有产品。产品生命周期管理流程要达到产品管理在利润或亏损幅度、客户满意度、质量承诺等方面的要求，以及向市场提供新产品。生命周期流程通过所有关键职能区域、业务环境、客户需求和竞争对手产品来了解市场，设计和管理产品，保障产品在目标市场的成功。产品管理流程和产品开发流程是两类不同的流程。产品开发主要是基于项目的流程，为客户开发和提供新产品、新特性、新功能，或改进现有的产品和服务。

2）SIP 域横向职能流程组群：与 OPS 相对应，SIP 也有 6 组横向职能流程组群（见图 3-8）。这些职能支持上述的 SIP 流程，并管理和支持市场与销售、产品、客户、业务、资源和供应链的开发运营。

① 市场与销售管理（Market and Sales Management）：着重于核心业务运营和开发方面的知识。其包括制定适合信息通信产品服务方面的市场与销售战略，并实施市场与销售战略。

② 产品开发管理（Product Development Management）：包括定义新产品销售策略、开发和管理现有产品销售的必要职能，还包括要考虑纳入数字业务合作伙伴的产品销售。

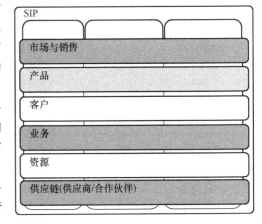

图 3-8　SIP 域横向职能流程组群

③ 客户管理：管理客户界面、客户关系、订单和计费流程、客户问题处理以及其他与客户相关的运营流程。

④ 业务开发管理（Service Development Management）：着重于对运营域提供计划、开发和交付服务。其包括业务的生成和设计、现有业务管理、保障满足未来业务需求的能力到位等方面的战略制定。

⑤ 资源开发管理（Resource Development Management）：着重于支持运营域的业务和产品所需的资源计划、开发和交付。其包括网络、其他物理和非物理资源的开发、新技术引入及其与现有技术的互通、现有资源管理、保障满足未来业务需求的能力到位等方面的战略制定。

⑥ 供应链开发管理（Supply Chain Development Management）：着重于维持企业所需的供应链上的供应商/合作伙伴之间的交互。供应链是一个复杂的关系网，信息通信服务提供商要在其中

管理产品的来源和交付。它们有助于支持企业做出的购买决策，保障企业与供应商/合作伙伴在交互合作方面的能力就位。

（3）企业管理流程

企业管理（EM）流程领域的视图与上述两个流程领域不同，是一种典型的体系架构框图，被分为 7 个流程组，包括经营和管理任何大型业务所需要的企业基本通用业务流程（见图 3-9）。这些通用流程着重于设定和达成企业的战略意图和目标，为整个企业提供必要的支持服务。这些流程通常被视为企业职能及流程。由于企业管理流程着重于在企业内提供通用支持，可能与企业内任何其他流程都有接口，如运营流程，战略、基础设施与产品流程。

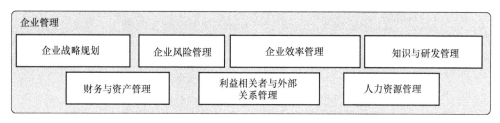

图 3-9　业务流程框架企业管理（EM）流程

企业管理流程涵盖如下内容。

1）为整个企业提供必要的支持，包括财务与资产管理、人力资源管理、知识与研发管理、法律管理、行业管制管理、流程管理、成本管理、质量管理、风险管理、外部关系管理等方面的流程。

2）负责设定企业总体的发展政策、战略和发展方向，提供总体业务的指南和目标，包括针对企业架构等方面的战略发展与规划，以便与业务发展方向相一致。

3）管理企业范围内的事件，包括项目管理、企业效率管理与绩效评估、成本评估等方面的流程。

Level2 视图是 Level1 视图的进一步细化。eTOM 模型还可以向下分解至 Level6，但 level4 及以下都还在不断完善中。

3.2.2　eTOM 模型的应用和发展

对通信企业内部管理而言，eTOM 模型为电信运营商引入流程管理提供了详细的方法论方面的支撑。

对信息通信产业链而言，eTOM 模型是业务和运营支撑系统（OSS）开发和集成的起点。

但业务流程框架只是一个理论意义上的通用框架，而不是用于直接实施的规范，它并不解决实施的具体途径，也不受用户（即信息通信服务提供商）之间差异的限制，尤其不希望限制和约束某个特定组织的流程实现的具体方式，因此在被某个信息通信服务提供商使用时，必须要根据自身的环境和情况进行客户个性化或者扩展，这对于专业化和竞争至关重要，因而可以作为一种行业内具有共识和指导性的运营管理理论。

eTOM 模型从企业视角出发，将业务流程按自上向下逐级分解的方法定义企业的流程框架、流程的详细描述、相互之间的关系以及其他要素。模型的流程分层方法示意图见图3-10。

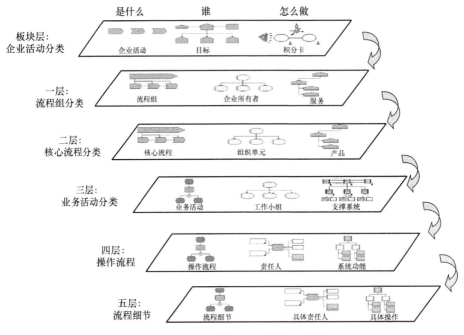

图 3-10　eTOM 模型流程分层示意图

1）板块层：企业活动分类。该层需要识别企业的核心目标、价值链、外部环境和财务状况，进而建立适当的模型。

2）一层流程：流程组分类。该层由企业所有者负责，通过服务实现，需要建立组织架构，设计产品结构、产品交付物和产品支撑链，建立企业级的基础数据模型。

3）二层流程：核心流程分类。该层由企业内的组织单元负责，通过产品实现。在该层需要识别业界标准的参考模型，开发通用流程和子流程，识别和定义业务数据，建立数据模型和系统架构，定义业务规则。

4）三层流程：业务活动分类。该层由组织内的工作小组负责，通过各种支撑系统实现，需要对核心流程进行更详细的定义，确保每个流程活动可以给业务及业务服务的对象带来价值。

5）四层和五层流程分别对操作流程和流程细节进行了详细定义。通过这种层级式的分解，对业务活动和流程元素进行分类，并用不同的方法进行组合，实现端到端的业务流程，体现业务活动的轨迹。

但是一个业务流程框架，不涉及通信服务提供商的目标客户、企业愿景和目标等战略问题，因此在应用该模型时，需要结合企业实际进行相应的调整，以适应企业战略发展需求。

eTOM 作为对 TOM 的增强，经过一段时间发展，目前已经基本稳定下来了。目前 eTOM 主要关注两方面的内容：首先，对业务流程进一步细分，建立企业最高层面流程框架，并逐级分解和细化到尽可能底层的流程层面。其次，eTOM 分别从不同视角出发分析流程框架，如基于企业组织架构、企业管理功能架构以及企业内部或外部的联系等，在流程框架中考虑不同流程单元之间划分和组合的关系。

3.2.3　信息通信企业的业务流程管理

随着市场竞争的加剧，业务流程管理成为信息通信企业赢得竞争的重要方法。卓越的业务流程管理，可以提高企业的运营效率、降低运营成本、改善服务品质，特别是可以提升企业对市场的响应速度，增强企业的灵活性及应变环境的能力，最终实现企业经营绩效的持续增长。

流程管理工作必须紧紧围绕流程绩效指标的实际表现而展开，因为只有实现流程绩效指标的目标，才有可能实现企业的财务目标。所以企业必须建立流程绩效指标（Process Performance Index，PPI）体系，PPI 描述的是一个企业希望达成的流程目标，其来源于企业目标，是按照时间、成本、质量、数量、效率、客户感知等维度量化一个流程的绩效。在整个业务流程生命周期中，应用"PPI 流程指纹"工作方法可以持续监视及测量被改善流程的 PPI。其中，现状和目标 PPI 之间的差异定义了流程的优化方向，而优化后的收益跟踪还可以实时检测未来和已实现 PPI 的差异，进而确保流程的持续优化。

3.3　信息通信运营管理体系设计

一家成功的企业，离不开优秀的运营管理。但所谓的优秀仅是相对而言。可以这样说，同样的管理体系和管理方法，在助推一家企业成功的同时，却可能把另一家企业推向深渊。因为只有真正适合自己的运营管理才可以称为优秀的管理。因此，每个企业从创立开始都在不断设计、建立、调整自己的运营管理体系，使之适应企业不同发展阶段的需求。

3.3.1　信息通信企业流程体系设计原则

1. 战略导向

企业管理的两个永恒主题是"做正确的事"和"正确地做事"。企业战略确定"做正确的事"，而流程则决定了企业是否"正确地做事"。所以，战略与流程之间是目的与手段的关系。企业的有效管理始于战略，落实于流程，最后融入企业文化。

（1）战略需求是运营流程管理的驱动因素

运营流程管理是一项系统工程，对企业的意义不仅仅体现在提高流程绩效，更为重要的是通过与企业战略相结合，来构建企业的核心竞争能力。企业战略不仅展示了企业发展的总体目标，而且也给出了企业在不同时期、不同部门的战略目标分解，这些分解后的战略需求，正是企业实施运营流程管理的驱动因素。

（2）企业战略是实施运营流程管理的风向标

企业的战略取向对运营流程管理的实施定位有着重要的影响作用。企业战略的不同将直接影响到企业实施运营流程管理的预期目标的差异，从而在具体实施过程中，体现出不同的运营流程管理侧重点（见图 3-11）。

（3）与企业战略能力紧密相关的流程是运营管理的重点对象

运营管理强调服务于企业的总体战略目标，因此运营管理特别关注与企业战略息息相关的

图 3-11　某企业创世界一流企业"力量大厦"发展战略

流程，并将这些流程作为管理的重点对象。战略相关流程运作的好坏将直接影响企业的竞争能力，对于这类流程，不管其目前的绩效高低，运营流程管理都将其视为重点管理对象。否则，企业战略能力的丧失将会使运营流程管理失去方向。

2. 动态监控、持续优化

借助先进的流程管理软件，运营管理从企业的战略需求出发，构建完整的运营流程管理体系架构。这种体系架构可以对组织系统内的所有流程进行指挥、控制和协调，从而实现流程的动态监控与持续改善。具体来讲，运营管理的流程架构体系应当具备如下特点。

（1）覆盖组织中的所有流程

运营流程管理要求架构体系的建设必须覆盖组织中的所有流程。因此，运营流程管理需要依据提供的方法识别和定义业务相关的流程，梳理和优化端到端的核心流程，并借助流程管理软件，在企业既有的信息系统和流程体系之间建立接口，形成覆盖所有流程的架构体系。

迎合企业的战略需求，以满足客户需求为导向。运营流程管理的体系架构以企业战略需求为出发点，由此建立起来的流程体系将具备良好的战略执行能力。与此同时，运营流程管理要求组织的流程体系按照满足客户需求的顺序和相互关系进行协调和管理，使组织具备良好的适应性和对客户需求的快速反应能力。

（2）具备持续改进机制

企业需要定期检测产品质量、流程及流程管理体系的运行，及时发现、处理不合格的流程环节或流程结构，运营流程管理可以实现流程的实时监控，并帮助管理人员对监控结果进行系统分析，及时发现系统改进的机会和具体措施，最终形成产品质量改进、流程运行优化和流程管理体系的持续完善。

3.3.2　基于 eTOM 的运营管理体系设计理念

运营管理体系的设计一般通过使用先进的流程管理方法论（如 eTOM 流程管理）和工具研究行业现状与发展趋势，分析企业实际与市场态势，从而帮助企业从战略愿景出发，建立以客户为导向的流程框架体系，实现企业流程化管理，从根本上提高企业运营效率，从而提升企业管理的软实力。

流程管理的总体思路是借鉴模型将战略目标逐层分解落实到业务执行层面，从而形成具有逻辑和层级关系的顶层流程架构设计方案，进而对基于顶层流程架构的流程进行梳理和优化，并将流程相关的业务控制制度、规范等信息进行整合与集成，然后设计可衡量流程运行效果的流程绩效指标体系，制定相应的流程管理规范，最终建立端到端的流程体系，并将形成的基于顶层流程架构的集成化的流程体系显性化在流程管理平台上，将流程绩效指标与流程进行挂接，实现动态取数与监控，最终实现企业流程的自我持续优化和动态管理，从而建立企业流程管理的常态机制，为企业运营效率的提高创造价值。在具体实施过程中，企业需要分阶段、有步骤地实现基于 eTOM 流程的运营管理体系。

3.3.3　基于 eTOM 流程的运营管理体系的实施步骤

针对每个实施阶段的具体内容，企业需采取不同的方法与工具以不同的模式推进，总结起来，可以按照表 3-1 中的步骤进行。

表 3-1　基于 eTOM 流程的运营管理体系设计与实施步骤

步骤	工作内容	工作方法
1. 决策与计划	项目策划与分析。重点进行企业实施 eTOM 流程管理的必要性和可行性及实施方法分析	高层访谈、战略目标梳理、流程诊断
2. 顶层流程框架设计	研究企业的战略目标和组织结构现状；标杆企业流程架构分析	高层访谈、行业专家研讨、标杆研究
3. A 重点流程优化	拟定重点流程筛选标准，识别重点流程，描述重点流程现状，现状分析予以优化	重点流程涉及业务与职能部门访谈、专家意见法、综合法
B 核心流程优化	对基于顶层流程框架的业务运营与运营支撑内部价值链上的流程体系现状梳理优化	流程涉及业务与职能部门访谈、业务与职能部门研讨、培训、辅导
C 全面流程优化	全面梳理优化公司在前期未纳入项目范围的及下属地市的流程	流程涉及业务与职能部门访谈、业务与职能部门研讨、培训、辅导
4. 建立流程绩效指标体系	确定流程的关键控制点，根据关键控制点设计流程绩效指标，建立指标数据信息中心，打通信息系统的指标数据接口	流程设计业务与职能部门及 IT 支撑部门访谈、流程责任人访谈

（续）

步骤	工作内容	工作方法
5. 形成 eTOM 流程管理规范	确立企业运营管理方法论、目标、组织机构、管理规范与办法以及完善的流程体系，形成企业流程管理手册	各部门研讨会
6. 搭建基于 eTOM 流程的运营管理平台	部署和发布运营管理信息化平台，培训相关人员，制定系统维护手册和用户手册，制定系统平台的接口规范	软件厂商沟通、IT 系统接口开发、测试上线发布

1. 决策与计划

是否在企业内部建立完整的基于 eTOM 模型的运营管理体系取决于企业的战略目标和战略定位，而能否推行则主要视乎企业的流程现状和高层管理者的支持程度。因此，运营体系设计的第一步是进行项目决策和策划。这一阶段的主要工作内容和方法如图 3-12 所示。

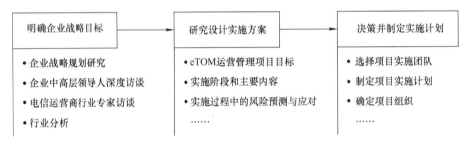

图 3-12 决策与计划阶段的工作内容和方法

（1）明确企业战略目标

企业运营管理的出发点是企业的战略需求。企业战略是企业的愿景目标，是企业高层领导人以高瞻远瞩的目光和视野确定的企业发展方向。在企业进行运营管理体系设计和改革过程中，战略目标作为企业运营的纲领与方向必须准确定位。由于企业发展的阶段不同，企业战略是内化于企业运营中的，可能是明确的，也可能是未明确的，但在实施该项目时必须明确。研究企业战略目标必须采取有效的方法才能准确定位企业战略目标，通常采用企业战略规划研究、企业中高层领导人深度访谈、电信运营商行业专家访谈与行业分析等方法获得一首资料，从而提炼总结出企业的战略目标，作为实施企业运营管理改革的方向。

（2）研究设计实施方案

通常需要借助外脑在企业内部共同进行，依据企业战略目标研究结果，确定基于战略目标的统一的流程导向。在流程导向确定以后，依据企业运营现状，具体设计企业实时 eTOM 流程管理的方案。方案应包含基于 eTOM 流程运营管理体系项目目标、所要采取的方法论基础、实施的大体阶段和主要内容、实施过程中的风险预测与应对、预期主要成果、所需的基础条件、需要企业内部配合的事项、项目推进决策与组织保障、项目过程管控方法、预期的成本费用等。

方案设计完成之后需要企业高层和相关人员参与研讨，研讨的目的在于结合企业实际以确认方案是否可行、是否有前瞻性、是否预期有效。在研讨基础上根据企业实际可以修正初步方案，最终形成一个切实可行的适合企业自身的实施方案。

（3）决策并制定实施计划

在经过研讨和修订之后，可行的基于 eTOM 流程运营管理体系项目实施方案确定下来，然后就需要企业领导来决策项目的具体实施，包括选择什么样的项目团队，如何制定有序合理的推进计划、确定项目实施的组织、项目实施的资源配置等。

选择项目实施团队：项目团队的选择应该从专业性与行业经验两方面考虑，从专业性来看应该选择对 eTOM 流程和流程管理有深入研究的团队，从行业经验来看应该选择对运营商流程管理变革与发展有丰富的专业理论基础和项目实践经验的团队。项目实施团队的最终确定可以通过招标、议标等方式确定。

制定项目实施计划：项目团队确定之后，应该依据实施方案制定具体的实施计划，这个计划应该是项目实施方案内容的细化和基于时间进度安排的详细周全的项目推进时间进度表。翔实的计划有利于保证项目的有效管控与实施。

确定项目组织：为保障项目顺利进行，对项目实施过程、质量、进度进行有效控制，需要成立强有力的项目组织机构。项目组织应该是包含项目决策与项目实施两个层级的临时性组织。

例如，福建某通信企业，通过设立产品管理委员会，建立管委会、常设工作组、重点项目组三级管建协同运作机制，首批重点推进智慧社区、健康养老、数字乡村和智慧商铺等 4 个行业专班，如图 3-13 所示。

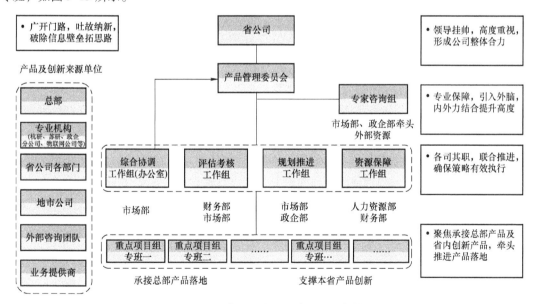

图 3-13　某企业分工明确的组织架构

2. 顶层流程框架设计

顶层流程框架是基于企业战略的，统一流程导向的自顶向下的、有逻辑层级关系的、由粗到细的，依据行业公认的理论框架，结合企业实际运营，全面反映企业战略的企业运营流程体系。

顶层流程框架设计的工作内容与方法主要有如图 3-14 所示的 4 点，各点的详细内容如下。

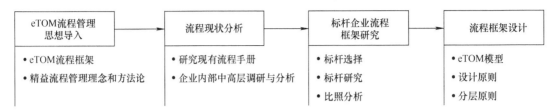

图 3-14　顶层流程框架设计的工作内容和方法

（1）eTOM 流程管理思想导入

eTOM 流程管理以将精益战略落地到流程体系的理念，详细阐述了通过流程体系落实战略，通过指标体系监控战略执行的效果等方法，同时对企业流程的五级划分理论进行通俗的解释，并对系统化、集成化、信息化的流程管理理念深入讲解，从 eTOM 流程管理实施的规范化、制度化落脚，系统翔实地阐述了 eTOM 流程管理的理论与方法体系。

eTOM 流程管理思想是 eTOM 流程管理项目实施导入的理论依据与基础，在企业中正式实施 eTOM 流程管理之初，需要对企业全员做 eTOM 流程管理理念及方法论的培训，使员工熟悉 eTOM 流程管理，形成正确的方法论，从而统一思想，以保证具体工作的顺利推进。

（2）流程现状分析

了解企业流程与流程管理现状需要采用一定的调研方法，如资料收集与分析，背对背访谈等。通过对企业内部战略规划、流程管理等方面相关资料的收集与解读，了解企业战略与流程的现状。通过与企业中高层管理者背对背深入访谈，提纲挈领地抓住企业战略与流程现状的主要问题，为建立企业顶层流程框架打好基础。其中，针对企业中高层领导的访谈是很重要的，因为他们作为企业的骨干与中坚力量，不仅仅是站在业务角度，更多的是站在管理角度看问题，深入了解他们对公司战略目标的认识、战略执行的看法与评价、流程体系建设与运营问题的分析与认识，将非常有助于快速抓住企业的核心战略与流程管理现状，对建立企业的顶层流程框架是非常关键的。

（3）标杆企业流程框架研究

标杆企业研究是一种快速抓住行业发展最新态势，快速学习行业最佳实践经验的一种研究方法。通过标杆企业研究，使顶层流程框架的设计从国内外同行业发展趋势着眼，具有理论的前瞻性，同时从同行同类企业运营最佳实践着手，能够快捷地将最佳实践经验为企业所用，以最小的成本取得企业运营的最佳效果。

标杆企业研究从选择标杆，到标杆研究，再到比照分析，都遵循一定的原则与方法。首先，对于国际先进运营商的选择，理论上须从全球排名前 10 位的信息通信企业入手。其次，对标杆进行具体研究，应该从“发展情况”“业务类别复合性”“流程管理的发展模式”等角度进行，详细解读标杆企业发展历程中的经验教训及其流程管理的作用、意义及方法。最后，在标杆深入研究的基础之上，对一流企业的领先原因进行分析，将目标企业的现状、发展模式、流程管理的水平等与标杆企业进行比照，借鉴可用于借鉴的东西，为设计顶层流程框架所用。

（4）流程框架设计

在研究目标企业流程现状及标杆企业流程框架之后，就可以着手进行目标企业的顶层流程体系设计。eTOM 模型将业务流程按自上向下的方法逐级进行分解，信息通信应该借鉴此方法论，基于科学的分层原则，在企业内部建立一套层级清晰、逻辑关系明确、颗粒度适中，并包含企业核心业务流程、业务支撑流程、管理支持流程的企业全景流程架构体系。

3. 流程优化

在设计和实施基于 eTOM 流程的运营管理体系中，在建立顶层流程框架之后，就需要分阶段分期进行具体的流程优化。部分信息通信企业的流程体系非常庞杂，依据顶层流程架构及从客户到后台再到管理的层次关系，可以分阶段按重点流程——核心流程——支持流程的推进节奏来分项目推进，根据企业流程管理的现状水平与需要，可以分别选择按表 3-1 实施步骤中第 3 步的 A、B、C 三个范围来选择进行流程梳理与优化，也可以在具备条件的前提下合并实施。

（1）重点流程优化

企业的流程体系是一个相当庞杂的生态系统，如果一开始就全面开展企业范围内的 eTOM 流程改造，会使得投资太大、风险太高，且来自各方面的阻力也非常大，反而不容易取得预期的效果。然而，企业众多相互联系的业务流程和业务活动中存在着某些重点流程，这些流程对于企业创造价值，塑造企业竞争优势起着至关重要的作用，因此优先挑选出这些重点流程并对其先行予以优化，将会起到事半功倍的效果，在较短的时间内就能看到绩效提升的效果。因此，信息通信企业一般将重点流程作为导入整个流程管理理念的首选对象，率先解决重点流程的绩效问题，进而由点及面地推进并扩展到整个企业的运营管理。

重点流程优化可以分解为图 3-15 所示的 4 个步骤。

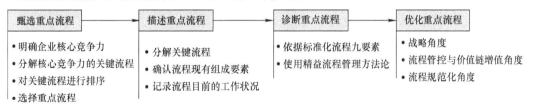

图 3-15　重点流程优化的工作内容和方法

其中，描述重点流程需要遵循以下原则，见图 3-16。

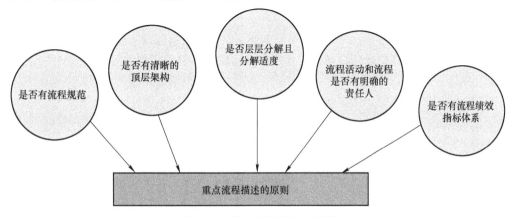

图 3-16　重点流程描述的原则

流程的诊断分析结果可以用表3-2进行展现。

表3-2　流程诊断表

流程编号：＿＿＿＿＿＿＿　流程名称：＿＿＿＿＿＿＿＿＿＿＿＿＿　流程版本：＿＿＿＿＿＿＿

一、总体情况	
1. 流程目标是什么？如果有多个目标，则各目标的优先次序是怎样的？不同目标的完成情况如何 2. 对该流程的期望是什么 3. 是否清楚该流程在流程体系中的位置	
二、流程的设计	
1. 流程是否满足目标及期望的需要 2. 流程结构（即活动之间的相互联系与相互作用）是否科学合理 3. 活动的资源角色是否安排合理 4. 流程事件的授权与控制是否定义清楚 5. 活动边界，即输入与输出是否准确 6. 与其他流程的接口是否清晰	
三、流程的执行	
1. 流程是否按照流程图运转 2. 流程是否使用标准化、规范化的工具和模板 3. 流程的运转是否有 IT 支撑 4. 流程是否有足够的具有相关能力和技能的人员支持	
四、流程的监控	
1. 流程绩效指标设计是否准确 2. 流程执行情况的信息是否可实时获取 3. 监控指标是否（适合）应用于组织及个人绩效考核体系中	

此外，流程诊断过程中，要进一步分析挖掘影响企业流程整体效率的组织结构、企业政策、文化等，这些结构性和政策性的问题应当提交给公司高层并要求授权解决，否则有些优化只能是治标不治本。

（2）核心流程优化

核心流程优化通常是在重点流程梳理优化完毕后，企业基于 eTOM 的运营流程管理平台已经建立的情况下进行的，此时基于 eTOM 运营流程管理理念已经成功深入企业员工思想中，可以依托建立的运营流程管理平台，参照梳理优化完毕的重点流程，接续进行核心业务流程的优化。该阶段以企业内流程责任人为主，借助外脑的协助，开展全员培训与核心业务流程梳理优化工作。

1）核心业务流程的识别：核心业务流程范围可以根据前一阶段重点流程梳理与优化过程中构建的顶层流程框架、公司全业务运营现状以及业务流程运营与管理相关人员的意见来确定。

2）核心业务流程优化的培训工作：培训工作主要包括两个部分，一是核心业务流程梳理与优化过程中需要使用的各类过程工具模板，包括各类表单、文档；二是开展核心流程优化专业组培训。

3）核心业务流程梳理与优化的实施：经过培训，各相关部门的流程参与人员已经具备了开展流程梳理与优化的基本技能，可以着手流程的实施工作，具体实施步骤及工作内容见表 3-3。

表 3-3　核心业务流程梳理与优化的实施步骤及工作内容

实施步骤	工作内容
① 核心业务三级流程分解	各流程专业组依据流程顶层框架，确认核心业务流程各专业板块的三级流程的流程责任部门
	各三级流程责任部门根据流程分解方法和原则，组织开展所负责的三级流程到末级流程的分解工作（如三级流程经判断已经是末级流程，则不进行分解），并指定末级流程责任人
	由核心业务流程各专业组组织三级流程分解的讨论工作，形成三级流程清单，并确定各子流程的责任部门及参与部门。由流程管理专业组汇总后提交流程项目组，经项目组审核后确认
② 核心业务流程现状描述	各末级流程责任人针对所负责的末级流程现状在流程管理平台上进行绘制流程，并收集整理流程相关条例、规范、制度、模板、表单等，完成流程说明书
	各末级流程责任人将流程现状描述文档提请咨询公司项目团队进行合规性审核，审核通过再提请本专业组进行业务审核，审核通过后签字确认
	咨询公司对流程管理平台上各核心业务流程进行汇总整理，形成规范的层级式流程体系
③ 核心业务流程诊断与优化	现状问题调研：按照确定的核心业务现状流程，由项目组组织各专业组在省公司各部门以及各地市分公司通过调查问卷或者部门管理人员与业务骨干座谈研讨等方式，充分收集针对具体流程现状的问题，为流程优化提供依据
	汇总分析和诊断：咨询公司对调研及研讨的具体问题进行汇总分类，对每条流程所对应的问题形成流程问题现状汇总表，开展核心业务流程现状分析并出具现状分析报告
	明确优化方向：根据现状问题分析报告，以核心流程各专业组为单位召开相关人员讨论会，基于对核心业务流程现状的总体分析，明确各核心业务流程优化的方向
	核心业务流程优化：由末级流程责任人按流程分析与诊断结论进一步理顺各专业组流程的运行与管理，应用流程优化的方法进行部门讨论并形成优化方案，按优化方案修订优化流程
④ 核心业务流程纳入流程管理平台实现动态管理	将核心业务流程梳理与优化的成果在流程管理平台上集中展现，并实现流程相关信息的集成与表单文档等的挂接，作为流程体系的主要组成部分全面纳入流程管理平台，实现系统管理

（3）全面流程优化

在核心流程优化全面完成之后，可以说基于 eTOM 流程的运营管理体系已经基本建立了，企业内部从思想意识到实践都已经完成了新型运营管理的初始化，这个阶段企业已经具备了持续自我优化的能力。

全面流程优化也是全面推行阶段，此阶段应着手完成管理支撑类及其他还没有梳理优化的流程的梳理和优化工作，并将其全面纳入平台进行管理，实现动态监控。梳理和优化的方法与核心流程梳理和优化的方法类似，此处不再赘述。

4. 建立流程绩效指标体系

顶层流程框架的设计及重点流程的梳理与优化是基于 eTOM 的运营流程管理理念导入阶段的主要工作，也是作为企业改革和实施新型运营体系初始化的过程，而要实现对 eTOM 流程的全面管理，必须建立流程运行的监控指标体系，通过对流程绩效指标的持续监控来实现流程体系的不断优化。

无论企业实施 eTOM 运营流程是采用分项目推进的方式还是采用一个项目分期推进的方式，在每一次的流程梳理与优化工作中，都有一个必不可少的步骤——建立绩效导向的流程绩效指标体系。流程绩效指标体系是 eTOM 流程管理的关键。传统的流程管理在大多数情况下仅仅做到了对流程的梳理呈现，而全面的 eTOM 流程管理通过与流程或与流程的活动环节挂接的流程绩效指标和流程执行的业务 IT 系统建立信息数据上的沟通，可以实现对流程实际运行效果的实时监控，在一定周期内通过对指标数据的变动分析，来指导流程优化。

从本质上讲，所有的绩效都是依附于流程或在流程中产生的，因此从流程角度设立的绩效指标才能放弃部门本位主义，关注流程整体绩效。

5. 形成 eTOM 流程管理规范

企业经营中无论是业务还是管理等各个层面的工作，都有其既定的操作规范和制度章程，建立基于 eTOM 的运营流程管理体系可以借助外部力量来进行，但是作为企业管理的一项重要工作，运营管理在企业存续经营中也需要企业自身永续推进。因此，形成企业的自身操作规范与制度章程，教会企业管理人员如何自我推进，是保障企业持续推进这一管理体系，提升管理水平的重要内容。

建立企业自己的 eTOM 流程管理规范的目的在于保障 eTOM 流程管理项目的实施成果能够在企业内部持续推进，在企业持续经营中为企业提高运营效率、创造价值发挥作用。eTOM 流程管理规范应包含两大方面的内容：流程管理的方法论体系（见图 3-17）与长效制度体系。

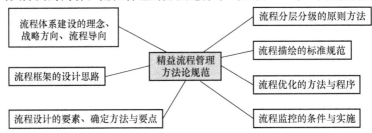

图 3-17　eTOM 流程管理方法论规范主要内容框架

（1） eTOM 流程管理方法论规范

基于 eTOM 流程管理的理念与方法，结合企业流程管理发展水平，建立一套浅显易懂、可学习、可执行的流程管理方法论体系。该方法论体系主要从流程体系设计的原则和方法、流程各关键环节的设计、流程管理的关键环节、流程管理的标准化规范等方面对企业如何建立和完善流程，如何推动 eTOM 流程管理工作提供指导。

（2） eTOM 流程管理制度规范

eTOM 流程管理制度规范是结合企业流程管理发展现状与资源配置情况，制定的一套企业内部长效推动 eTOM 流程管理的组织机制设计方案。在 eTOM 流程管理制度规范的制定中需明确企业推进 eTOM 流程管理的目的、意义、宗旨和理念，并对基于宏观目的和理念的实施落地的管理组织机构设置及职责加以设计与明确，同时在有组织保障的前提下，依据流程生命周期对 eTOM 流程体系进行日常管理流程的详细制定。制度规范的设计一定要结合企业流程管理现状水平，具有延续性和现实性，且可操作，才能为企业所用。

构建流程型组织是 eTOM 流程管理的核心目标之一。构建合理的流程组织团队有很多种形式和方法，其中虚拟团队是构建流程型组织中一种新型的工作组织形式。虚拟团队没有部门和地理的约束，团队成员可以以任何方式在任何地点实现沟通、协调，从而在虚拟的工作环境下，通过相互协作来提供产品和服务（见图 3-18）。

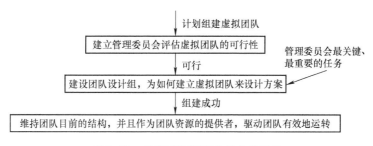

图 3-18 虚拟团队管理委员会的任务

构建流程管理组织的另一个重要内容就是构建虚拟团队的管理委员会，其在虚拟团队的建设、维持和发展中扮演多重角色。

管理委员会的成员，不仅要包括高层管理者，而且还应该包括人力资源部门的以及未来的一些团队成员，这样可以促使各种水平员工的参与，提高沟通水平，从而更有效地进行决策制定。

6. 搭建基于 eTOM 流程的运营管理平台

随着信息技术的加速发展，企业经营管理的各个方面在不久的将来都会趋向完全信息化。作为通信运营商，相比较国内其他行业，其信息化程度已经相对较高，业务流程大多形成了电子信息流，因此已具备 eTOM 流程管理的基础条件，eTOM 流程管理实施的最后一个步骤是，建立和改进基于 eTOM 的流程管理信息化平台、业务管理平台、客户关系管理平台等。

3.3.4 信息通信企业运营管理体系创新发展

随着社会数字化发展，信息通信企业的运营管理体系也在不断创新发展。部分企业开始通过数据驱动、技术创新、流程变革，来探索数字化的主动运营体系，实现面向客户、网络、业务问题时，以期早发现、早解决。企业面向云网业务，采集终端、云网、平台及贯通 BMO 域数据，聚焦客户感知，探索数据驱动新架构，通过数据建模，按分层架构，建立感知预警、隐患预判、AI 预测、智能预防的端到端主动运营能力，构建全业务端到端感知检测、分析、预测、处理和优化的全流程闭环感知保障体系。

1）采集层：云网基础设施 100% 采集是一切场景化应用的基础。包括面向客户的端到端感知数据采集（如组网、体验指标、流量变化等）；面向有源、无源的云网一体化资源管理数据；面向生产作业、调度流程的数据。抛弃烟囱网管、消灭信息孤岛。

2）数据层：云网数据通过数据标准化、标签化，融入企业中台，为贯通 BMO 奠定基础。

3）能力层：从业务场景出发，分层级解耦，进行实时和离线数据建模、AI 及机器学习等，基于感知数据，专家经验、AI 算法，构建面向客户、网络等预警、预判、预测、预防的基础能力。

4）应用层：通过数据驱动体系将制度、规范、角色、流程、风险等各项管理要素有机融合，提升数字化主动运营管理能力，打通"问题发现－系统预处理－现场处置－系统稽核"全链路，打造闭环可视化的数字化主动运营管理体系（见图 3-19 和图 3-20）。

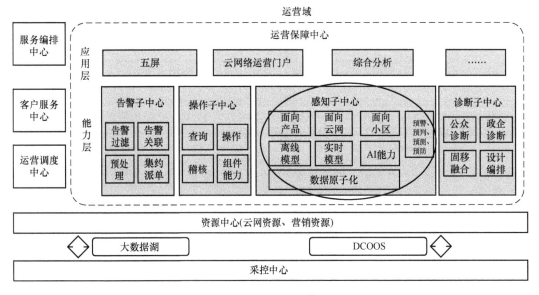

图 3-19　主动运营管理体系架构

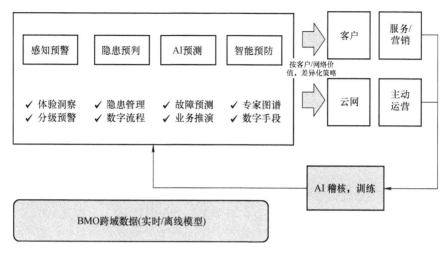

图 3-20　主动运营管理体系业务架构

3.4　信息通信运营管理平台

3.4.1　信息通信运营支撑系统概况

1. 信息通信运营支撑系统的定义和内涵

随着电信业务的日益复杂，通信运营支撑系统已经成为电信运营管理不可缺少的组成部分。它借助 IT 手段实现对电信网络和电信业务的管理，以达到支撑运营和改善运营的目标。强大的需求驱动使很多传统的电信设备厂商、软件厂商乃至知名的 IT 厂商都投入到运营支撑系统的研究开发和生产之中。

关于通信运营支撑系统并没有确切的定义，不过很多组织对通信运营支撑系统有概述性的说明，我们从中也可以看到通信运营支撑系统的内涵。比如，IEC（International Engineering Consortium，国际工程联合会）认为，通信运营支撑系统通常是指这样一些系统：它们为通信服务商及其网络提供业务管理、资源资产、工程、规划和故障维修等方向的功能支撑。而 ForgeGroup（一家运营支撑系统厂商）的定义则是：通信运营支撑系统是保证电信公司管理、监控和操作电信网络的系统，计费、客户关系、目录服务、网元管理和网络管理都是运营支撑系统的组成部分，服务管理（包括受理新客户及其订单）、服务激活以及后续的服务保障等也都属于运营支撑系统管理的范畴。

通信运营支撑系统（OSS）是以客户为中心，对电信运营活动提供支撑，是面向经营流（Business）的管理系统。包括支撑完成业务运营相关功能的计算机软硬件及网络等系统平台。其目标是支撑电信业务的运营流程，满足运营需求。狭义上认为运营支撑系统属于网络运行管理与维护的范畴。广义上运营支撑系统包含用于运行和监控网络的所有系统，如客户关系管理系统、计费系统和网络管理系统。它是整个运营的基础结构。运营支撑系统代表了十分复杂，但愈加重要的通信产业的一部分。运营支撑系统软件使对通信趋势、容量规划的日常管理和对电信运营商业务预测的支持、管理、经营成为可能。对客户服务、计费、开通、命令处理和网络运维的管理都是通过运营支撑系统完成的。

所以通信运营支撑系统的准确定义可以是：电信运营商使用的支撑运营活动的一系列计算机软件系统，通过对基础通信网络、业务网络、客户网络和应用的管理，有效支撑前端面向客户的产品销售和客户服务，以及面向后端网络和资源的运营支撑服务。

通信运营支撑系统的内涵是：面向服务、资源和网络运营；支撑服务规划和资源规划；对服务运营和资源运营提供支撑；提供服务开通、资源开通、服务保障、资源保障、运营支撑分析等生产活动。

2. 信息通信运营支撑系统的发展历程

我国信息通信运营支撑系统的建设要追溯到 20 世纪 80 年代中期，在程控交换机引进过程中开始进行配套计费系统的建设，当时企业的运营支撑系统主要是计费系统和一些网管系统。这一阶段还称不上是基础管理阶段。

20 世纪 90 年代后期，我国正式全面启动了各种计算机应用系统的建设。如市话业务综合管理系统、狭义的管理信息系统、网管系统等，正式进入基础管理阶段，但是一些基础管理系统的建设还不完备，表现在各部门、各业务的运营管理数据无法共享，也没有统一的展示平台。

进入 2000 年后，中国电信、中国移动、中国联通等代表性电信运营商纷纷开始了业务支撑系统的集中化改造。企业办公自动化、综合资源管理和综合网管等系统的建设如火如荼，客户关系管理与以财务和人力资源管理为主的 ERP 系统也在运筹和建设中，而且绝大多数系统的规划和建设已经充分利用了互联网工具，并考虑到了电子商务的模式。这一时期绝大多数的电信企业已经完成了基础管理阶段，正在进行企业资源规划，此时协同电子商务模式已露雏形。

经过长期的建设，到目前为止，各运营商已建成的运营支撑系统在功能上已经比较完善，性能也比较稳定，能够有效地支撑企业的运营和管理。随着大数据时代的到来和 5G 业务的开展，电信运营商正在着手建设适应下一代网络的支撑运营系统。当前随着通信运营支撑系统日益复杂，大多数电信运营商将广义运营支撑系统划分为三个部分：

OSS：狭义的运营支撑系统（Operation Support System）。

BSS：电信业务支撑系统（Business Support System）。

MSS：企业管理支撑系统（Management Support System）。

3.4.2　运营支撑系统

运营支撑系统（OSS）主要实现基础电信网络的管理、支撑和优化功能，是所有业务运营的基础，OSS 主要包括各种网管系统、信令监测系统、网络优化、动力环境监测系统等。OSS 架构如图 3-21 所示。

3.4.3　业务支撑系统

业务支撑系统（BSS）包含客户管理、产品管理、资源管理、客户服务、营销管理、渠道管理、计费、账务、结算、合作伙伴管理等多方面的功能。它对各种业务功能进行集中、统一的规

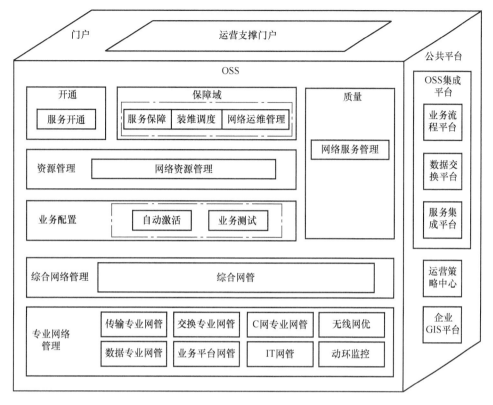

图 3-21 OSS 架构

划和整合,是一体化的、信息资源充分共享的支撑系统。

运营企业三大"网络"中,通信网技术驱动比例大,增值网业务驱动和技术驱动并重,而支撑网是业务驱动比例大。支撑领域的业务概念不仅指一般所说的电信业务,还包括客户感知、市场营销、客户服务、业务管理等内容。业务需求变化丰富而频繁,要求支撑网升级换代的频度也较高。

为构建数字化业务支撑体系,某通信企业通过提升政企业务系统支撑能力,建立高效率的业务支撑体系和闭环管理体系,为一线人员注智赋能,提高营销效果。从业务受理、订单调度、网络支撑、账务支撑四个关键环节进行流程穿越和系统改造,实现前台标准化业务"一键订购"、长流程业务"一键甩单"、融合业务"一张工单"走到底、按照客户需求灵活提供"一张发票",构建了如图 3-22 所示的"四个一"支撑体系模型,是以一线感知为标尺衡量政企支撑效果、提升系统支撑能力、重塑系统支撑流程工作的新发展理念,是处理好业绩指标和关键能力建设两者关系,实现隐形生产支撑能力逐渐显性化的战略性布局。

云网融合业务和智家业务的规模化发展,对装维交付能力、客户服务质量等要求日益提高,传统模式下的装维效能不高、装维工作量不均衡、支撑手段少等问题日益凸显,进而导致新型业务客户服务满意度不高,反向制约新型业务的快速、规模发展。为彻底解决以上问题,践行

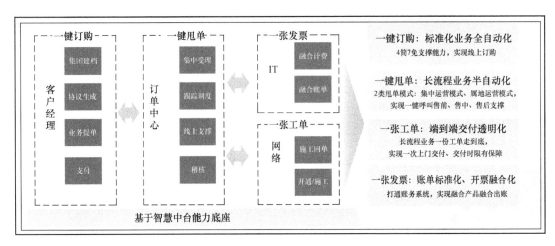

图 3-22　"四个一"支撑体系模型

"云改数转"战略部署，某信息通信企业陕西分公司采用云＋大数据技术，构建协同保障体系。以赋能云网融合智能交付和提升客户满意度为统领，以智家业务和云网融合业务为突破点，打造协同保障支撑体系，形成了基于云计算＋大数据技术的业务支撑系统。

3.4.4　管理支撑系统

管理支撑系统（MSS）的定义是为企业各级管理人员提供信息化支撑的系统。从定义来看，MSS 涉及的面和建设的范围非常广，MSS 最终将作为企业信息化的门户，是信息化管理的支撑平台，也是企业信息资源整合的纽带，更是为各级管理人员提供管理各项经营、技术、运维等的支撑工具。

（1）统一信息平台概述

企业信息化是一个由企业发展战略驱动，IT 战略与业务重组互动的全方位的信息化战略，是双领先（即服务与业务领先）的重要基础。我国电信行业的运营商经过长年的努力，信息化建设已经打下了非常好的基础，IT 人员无论从数量上还是从素质上都处于各行业前列，各个业务子系统的建设已经基本完善，在 IT 系统的基础设施建设上也是首屈一指的。

但是信息化建设还有很多需要完善和改进的地方，首先，系统之间还缺乏有效的整合手段，即系统和系统之间缺乏有效的信息传递和共享的手段，大量有用的信息还是以信息孤岛的形势存在于各个业务系统中。其次，IT 系统的管理分散于各个业务系统，权限分配和管理上存在较大程度的滞后。再次，在知识管理和决策支持方面还做得远远不够，缺乏有效的知识传递、沉淀、固化手段。最后更为关键的是，还缺乏企业级的技术架构设计和 IT 建设的总体规范和标准，使得系统之间的整合难度加大。

运营商现在已经拥有了一系列 OSS 和 BSS、OA、独立的经营分析系统等，而这些系统之间常常是互相独立的，无法方便地进行沟通。必须通过采用相关的整合和业务处理平台来解决问题，使其适应现有的业务和管理的需求。接口是关键。要能够保证系统扩展的要求，满足新系统以插件的方式很容易地接入。

统一信息平台作为运营商面向员工的业务信息获取及业务办理的入口，主要负责支撑公司内部各类业务协作，同时辅助各专业系统完成公司内部的业务协作。

统一信息平台的组成结构如图 3-23 所示。

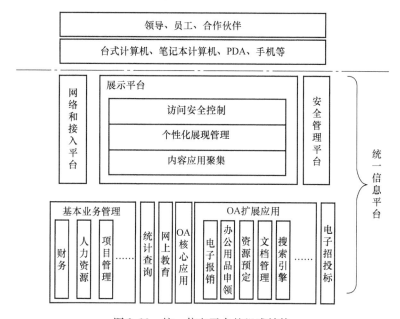

图 3-23 统一信息平台的组成结构

（2）主要功能

统一信息平台由应用系统、展示平台、网络和接入平台、安全管理平台几个部分组成。

应用系统主要完成基本业务管理（包括财务、人力资源、项目管理等）、统计查询、网上教育、OA 核心应用（包括公文处理、电子邮件、信息发布等）、OA 扩展应用（包括电子报销、办公用品申领、资源预定、文档管理、搜索引擎等）、电子招投标等系统应用。

展示平台实现对统一信息平台的各种应用及信息内容在展示层面进行整合，并针对不同类型的信息为使用者提供个性化的展示内容。

（3）系统在运营商的应用

运营企业的统一信息平台集成了办公自动化（OA）系统、邮件系统、统计查询系统、刊物系统、资源预定系统、文档管理系统、部门信息系统、BOSS、网管系统、公共信息（如天气、股票）等系统，其中统计查询系统可以从 BOSS 和网管系统中抽取数据。统一信息平台的建设是基于原有 OA 系统的，通过 OA 改造工程，实现"上下贯通、左右互联、应用扩展、信息共享"，被定位为我国移动信息化建设的突破性进展工程。

我国的电信运营商通过艰苦的探索和努力，打造先进的统一信息平台，提升业务支撑和管理能力，推动我国由电信大国向电信强国迈进。

3.4.5　通信基础设施服务企业基于统一平台的创新建设

随着 5G、AI 等新兴技术的发展以及更多细分场景覆盖需求的增加，我国数字化信息建设需求预计将保持 20% 以上的增长速度，尤其是面向公共服务的视频物联监测领域需求将保持高速增长。庞大的需求规模导致该领域行业竞争主体众多，行业生态竞合复杂，从客观来看，面向公共服务的视频物联监测领域存在数据无法共享、区域性建设标准不一、产品单一等行业痛点。这些痛点的存在造成了基础设施建设资源大量浪费、数据隔离、运营维护困难、数据价值挖掘困难的问题。

因此，为了解决这些突出问题，并且顺应数字化时代的潮流，信息通信基础设施服务企业需要合理利用已有资源，贯彻新发展理念，加快创新建设。

图 3-24 所示为某企业以"一级架构、广泛接入、灵活部署、开放解耦、行业领先"为建设原则，采用底台、中台、前台三级分层架构设计而打造的统一平台。全面落实"一体两翼"发展战略，面向公共服务领域的数字化治理需求，强化创新驱动，深化产业链合作从分散运营向集约运营转变，采取"统一技术标准、统一服务规范、统一平台支撑、统一运营管理"的方式为用户提供整体的服务。

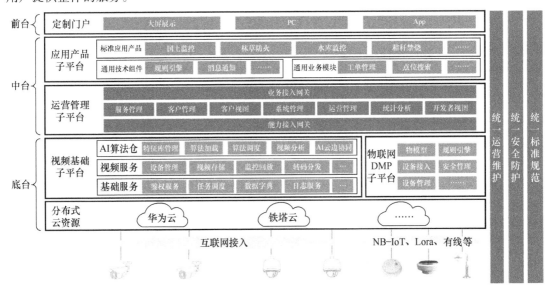

图 3-24　某基础设施服务企业的统一平台建设

3.5　信息通信企业的关键绩效指标考核制度

3.5.1　绩效管理与 KPI

绩效管理计划由 4 个部分组成：绩效计划、绩效引导、绩效评估，以及绩效奖励（见图 3-25）。

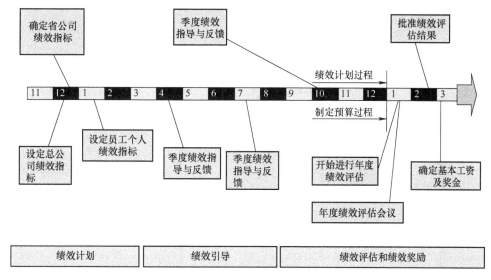

图 3-25 移动公司关键绩效管理体系

1）绩效计划：即与员工讨论并确定其绩效目标并获得其对于这些绩效目标的认同的过程，其中绩效目标包括结果性目标和能力性目标。

2）绩效引导：绩效引导即在和员工的日常工作接触中，帮助员工不断实现甚至超越已经建立的绩效目标。

3）绩效评估：即回顾过去的工作绩效及其趋势，运用绩效评估表格，对结果性指标及能力性指标进行评分，并确定今后提高的方向。

4）绩效奖励：即根据绩效结果进行工资增长及奖金发放，以及提供无形的奖励（如个人提升）。绩效结果和工资增长、奖金发放之间的联系越强，就说明企业在薪酬系统方面所进行的投资是真正奖励了那些为实现公司绩效目标做出贡献的员工。

3.5.2 流程责任矩阵

用流程责任矩阵进行流程及流程活动的授权与职责的分析，对流程的每个活动设定明确的责任人，理清每个相关人员在流程中所承担的责任和权力。赋予流程责任人对跨部门流程从头到尾的权利，这样可以简化流程的审批环节，提高流程运转效率，流程管理者可以将更多的精力投入到组织及流程建设与人力资源管理的工作中，从而推动组织能力的提升。

RASCI 模型是流程责任矩阵的标准模型，该模型将流程角色划分为 Responsible（责任者）、Accountable（批准者）、Supportive（支持者）、Consulted（被咨询者）、Informed（被通知者）五大类。

1）责任者（R），负责执行任务的人员，具体负责操控项目、解决问题。

2）批准者（A），对任务负全责的人员，只有经其同意或签署之后，项目才能得以进行。

3）支持者（S），在任务实施过程中提供资源，辅助完成任务的人员。

4）被咨询者（C），在任务实施前或实施中提供指定性意见的人员。

5）被通知者（I），及时被通知结果的人员，不必向其咨询、征求意见。

流程责任矩阵示例见表3-4。

表3-4 流程责任矩阵示例

流程分解	流程角色	省公司各部门	地市分公司	企业信息化部	信息技术支撑中心	运行维护部	企业发展部
二级流程	三级流程						
需求管理	需求提出流程	R/A	R/A	S	C	—	—
	需求实现分析与确认流程	S	S	A	R	—	—
	需求开发实施与跟踪流程	—	S	A	R	—	—
	需求测试流程	S	S	A	R	—	—
	需求上线流程	S	S	—	R	—	I
	上线后高危维护流程	S	S	—	R	S	

3.5.3 KPI + OKR 新模式创新

OKR（Objectives and Key Results，目标与关键成果法）是一套定义、跟踪目标及其完成情况的管理工具和方法。从词义上来看，OKR 是为了确保达成企业目标而分解关键成果并实施的过程。OKR 被普遍认为更适合于当前商业环境的组织绩效管理理念，但是 OKR 的落地和应用仍需要一个过程，特别是在现有绩效管理体系的基础上，如何兼顾 KPI 考核体系，探索融入 OKR 的目标管理理念，逐步形成绩效管理的 KPI + OKR 新模式是现在信息通信企业需要着重关注的内容。

中国电信人才发展中心自2009年以来，在经过充分调研之后，通过持续运营战略解码管理实战项目，在战略解码工作坊中融入 OKR 的管理思想，并且持续关注 OKR 的落地效果和注意事项，积累了丰富的绩效管理实战经验，该项目也融入了目标管理的理念，近年来，人才发展中心也持续跟踪 OKR 管理理念，并在中心的绩效管理中试行推广。中国电信正在致力于形成信息通信行业绩效管理的 KPI + OKR 新模式。

3.6 本章总结

信息通信运营管理体系的核心是确定业务流程框架，目前市面上的主流为 eTOM 模型，该模型有6个层次，本章着重介绍 level0 和 level1 这两个层次。在此基础上，逐步开展管理体系设计工作，作为一家优秀企业保持活力的源泉，设计时要遵循战略导向，坚持动态监控、持续优化两个原则；针对每个实施阶段的具体内容，企业需采取不同的方法与工具以不同的模式来推进，这里归纳为6个步骤，分别是决策与计划、顶层流程框架设计、流程优化、建立流程绩效指标体系、形成 eTOM 流程管理规范、搭建基于 eTOM 流程的运营管理平台。

通信运营支撑系统是以客户为中心，对电信运营活动提供支撑，是经营流的管理系统，也是搭建运营管理平台的基础，大多数电信运营商将广义运营支撑系统分为3个部分：运营支撑系统

（OSS）、业务支撑系统（BSS）、管理支撑系统（MSS）。

企业建立一套基于 eTOM 流程管理的体系离不开对运营指标的分解、落地和实施，在建立考核指标体系方面，信息通信企业通过结合精益流程管理的方法来计算 KPI 和绘制流程责任矩阵。

1. 课后思考

1）运营管理体系有哪些核心板块？为什么说流程是运营管理体系的核心？

2）eTOM 模型是什么？有几层？其实践指导意义是什么？

3）什么是精益管理？精益管理体系设计的理念是什么？

4）信息通信企业的 OSS、BSS、MSS 分别代表什么 IT 支撑系统？各自的功能是什么？

5）什么是 PPI？什么是 KPI？

2. 案例分析

华为和长安的强强联合

2023 年 11 月 25 日，华为公司和长安汽车公司在深圳签署了《投资合作备忘录》。经协商，华为公司拟成立一家新公司，聚焦智能网联汽车的智能驾驶系统及增量部件的研发、生产、销售和服务。长安汽车公司拟投资该公司并开展战略合作，但长安汽车公司及其关联方拟出资获取目标公司股权比例不超过 40%。即新公司将为华为公司控股。

根据《投资合作备忘录》公告，华为公司设立的新公司业务范围包括汽车智能驾驶解决方案、汽车智能座舱、智能汽车数字平台、智能车云、AR－HUD 和智能车灯等，并将专门用于目标公司业务范围内的相关技术、资产和人员注入至目标公司。华为公司的科技实力与长安汽车公司的汽车制造经验在此刻结合，碰撞出无限可能，也引发了市场热情。

一方面，华为公司拟将智能汽车解决方案业务的核心技术和资源整合至新公司，让人对新公司、新平台前景充满遐想。另一方面，华为公司和长安汽车公司早就有过多次合作。2018 年 1 月，长安汽车公司就与华为公司、中国移动通信公司、中移物联网有限公司签署战略合作协议，全面开展 LTE－V 及 5G 车联网联合开发研究。长安汽车公司于 2019 年 1 月设立"长安－华为联合创新中心"，宣布在智能化与新能源领域展开深度合作。并且 2021 年长安汽车公司、华为公司和宁德时代公司共同打造了阿维塔品牌汽车。

华为公司轮值董事长徐直军表示："华为坚持不造车，而是发挥自身 ICT 技术优势和营销能力，帮助车企造好车、卖好车。我们会持续履行对客户和伙伴的承诺，共同推进汽车产业的崛起。"华为公司常务董事、智能汽车解决方案 BU 董事长余承东表示："我们一直认为，中国需要打造一个由汽车产业共同参与的电动化智能化开放平台，一个有'火车头'的开放平台。我们与长安深化合作，同时还会与更多战略伙伴车企一起携手合作，不断探索开放共赢的新模式，共同抓住汽车行业电动化智能化转型的机遇，实现我国汽车产业崛起的梦想。"对于此次合作，长安汽车公司董事长、党委书记朱华荣表示："长安汽车与华为双方发挥各自优势资源，并与战略伙伴车企携手，深度协同和战略合作，将加速智能化技术大规模商业化落地，让全球用户都可以享受一流智能化体验，推动中国智能汽车产业向规模化、集约化、共享化发展，提升汽车产业链、供应链韧性，推动中国汽车产业链高质量发展，推动核心技术突破引领，推动中国汽车品牌迈向世界一流。"

　　华为公司和长安汽车公司的深度合作究竟是利是弊，是一个值得深入探究的问题。但在动荡的产业动态下，充满了许多不确定性，车企和通信企业的联合也充满了许多挑战。

　　思考：

　　1）你认为华为公司和长安汽车公司合作的出发点是什么？

　　2）结合信息通信企业运营支撑管理体系和流程责任矩阵，思考华为公司与外部企业合作需要通过内部哪些步骤？

　　3）请你根据华为公司和长安汽车公司拟成立新公司的业务设计一个业务支撑系统。

3. 思政点评

　　华为公司作为我国科技创新企业的领导企业，在被美国恶意打压之后，一举一动都受到全国人民的关注。通过强大研发能力，华为公司依托自身产业链带动了众多国企、民企，促进了中国芯片的研发进步。

　　华为公司利用自身科技研发和创新能力，与众多行业企业展开深入合作，力求充分利用自身优势推动国内其他行业企业发展。华为公司的每次选择注定都是步入一条布满荆棘，但同时也是值得为之奋斗的漫漫征程。未来，尽管面临更多不确定性，华为公司仍将坚持开放合作，保持战略定力，保证公司的生存与发展，持续将数字世界带入每个家庭，以构建万物互联的智能世界。

第4章

信息通信业务与产品管理

行业动态

1）2022 年 3 月起，三大运营商相继推出 5G 套餐，移动公司主推 5G 直通车业务，联通公司主推腾讯 5G 王卡业务，电信公司主推 5G 畅享业务。截至 2023 年 10 月，移动公司 5G 套餐用户数达到 7.587 亿户；联通公司 5G 套餐用户累计到达 2.5 亿户，物联网终端连接累计到达 4.74 亿户；电信公司 5G 套餐用户数达到 3.11 亿户。

2）2023 年 1～10 月我国通信行业运行持续向好，电信业务收入累计完成 14168 亿元，同比增长 6.9%，新兴业务起到重要作用。5G、千兆光网、物联网等网络基础设施建设加速推进，连接用户规模持续扩大。

本章主要目标

在阅读完本章之后，你将能够回答以下问题：

1）关于信息通信产品与业务的概念——什么是信息通信产品？什么是信息通信产品业务？两者有何区别与联系？

2）关于信息通信产品管理——什么是信息通信产品管理？其主要职能有哪些？

3）关于信息通信产品的规划及管理——产品需求分析有哪些主要环节和方法？

4）关于信息通信产品的设计及管理——信息通信产品设计的五大层次是哪些？常见的电信运营商产品设计的方法是什么？

在一般的生产运营管理中，"产品（服务）"是销售环节的前节点，也是生产环节的最终成果，因而产品管理成为传统生产运营管理重点讨论和研究的对象。而在传统电信运营中，"业务"是更常用到的一个概念，网络提供的、客户使用的、市场准入监管针对的对象都可以用业务来描述。产品只是在描述某些更为接近客户需求的业务/营销措施组合时才可能用到。TMF 在eTOM（业务标准流程框架）中将业务（service）和产品（product）作为两个不同的概念单独提出。业务运营管理的目的在于让业务高效、安全、经济地运行，为客户提供有质量保证的服务；产品运营管理的目的在于高效开发产品，之后迅速提供给目标客户，提供配套的服务保障和支

持，并在运营过程中监控销售情况等。信息通信产品运营管理通过基于业务流程的全面管理来实现，因此本章将信息通信业务和产品运营管理结合在一起进行介绍。

本章首先介绍信息通信业务和产品的概念，然后从产品管理的基本观点出发，重点阐述信息通信产品的规划、设计和管理。

4.1 信息通信业务与产品的概念

4.1.1 信息通信业务

信息通信业务是通信企业利用信息通信系统传递符号、信号、文字、图像或声音等信息，为消费者提供各类通信服务项目的总称，是消费者的"功能体验"。 从信息通信服务提供商的业务运营管理视角来看，TMF 对其定义是"由服务提供商开发的、用于在产品内销售的功能元素。同一项业务可经过不同的包装包含在不同产品中，具有不同的定价"。

早期电信业务种类非常单一，仅限于以语音为主的模拟电话、长途电话，以及电报、电传、传真等传统业务；终端（如电话）的个人普及率非常低，通信业务更多由公共服务提供。随着现代信息通信技术的发展，数据业务、移动业务、多媒体综合业务等新兴业务出现，并与人们的工作和生活联系愈加紧密。但不同标准混杂在开展信息通信业务的过程中给用户和管理者都带来了很多困惑，因此本节从 ITU-T 及我国现行标准两个方面对概念进行阐释。

1. ITU-T（国际电信联盟电信标准化局）对业务的定义和分类

从通信能力的角度来看，ITU-T 将业务分为两大类别：

1）承载业务（Bearer Service），是指用户接口之间的数据传递能力，又分为基本业务（Basic Service）和补充业务（Supplementary Service）。

2）用户终端业务（Tele-Service），是指在网络中的用户与用户之间的完整的通信业务，也分为基本业务和补充业务。

用户通常可以通过签约的方式获得完全的通信业务包（或称套餐），其中总是包含至少一两项基本业务和一些附加业务（补充业务）。

为了提高电信业务的综合服务能力，我们需要相应的网络能力，称为网络功能。ITU-T 将网络功能分为高层功能和低层功能，低层功能用于支持承载业务，高层功能用于支持用户终端业务。两类网络功能又分别细分为基本功能和附加功能，基本功能用于实现基本业务，附加功能用于实现附加业务（补充业务）。

综合以上 ITU-T 对业务的定义和分类，我们可知：

1）信息通信服务提供商的网络资源是电信业务的基础。

2）信息通信网络的各个部分提供各种各样的网络能力，而这些网络能力均由标准化的协议和功能规定。

3）各种网络能力的不同组合形成了不同的电信业务，信息通信业务一旦实现就会一直存在，可以随时使用。

4）信息通信服务提供商提供给用户的是电信业务的具体应用，业务本身并不是产品。

电信业务可以看作是某种服务能力，其本身并不是产品，而是信息通信产品的基础。

ITU－T 对业务的定义是从固定综合业务数字网（ISDN）出发的。20 世纪 90 年代之后，随着移动通信业务的发展和多种业务的融合，ITU－T 对业务的定义已经不足以全面呈现信息通信业务概念的全貌。因此，3GPP 在后续移动通信发展的过程中，在 ITU－T 的基础上对业务的定义和分类又进行了扩展。

2. 我国的定义

在吸取西方国家通行标准的基础上，我国电信行业的监管部门、工业和信息化部在《中华人民共和国电信条例》（2016 年修订）中对电信和电信业务做出了以下规定：

"本条例所称电信，是指利用有线、无线的电磁系统或者光电系统，传送、发射或者接收语音、文字、数据、图像以及其他任何形式信息的活动。"（第二条）

"电信业务分为基础电信业务和增值电信业务。基础电信业务，是指提供公共网络基础设施、公共数据传送和基本话音通信服务的业务。增值电信业务，是指利用公共网络基础设施提供的电信与信息服务的业务。"（第八条）

"主导的电信业务经营者，是指控制必要的基础电信设施并且在电信业务市场中占有较大份额，能够对其他电信业务经营者进入电信业务市场构成实质性影响的经营者。"（第十七条）

"电信资源，是指无线电频率、卫星轨道位置、电信网码号等用于实现电信功能且有限的资源。"（第二十六条）

其中"电信业务分类目录"具体内容见表 4-1。

表 4-1　电信业务分类（2015 年版）

基础电信业务	1. 第一类基础电信业务 （1）固定通信业务 1）固定网本地通信业务 2）固定网国内长途通信业务 3）固定网国际长途通信业务 4）国际通信设施服务业务 （2）蜂窝移动通信业务 1）第二代数字蜂窝移动通信业务 2）第三代数字蜂窝移动通信业务 3）LTE/第四代数字蜂窝移动通信业务 4）第五代数字蜂窝移动通信业务 （3）第一类卫星通信业务 1）卫星移动通信业务 2）卫星固定通信业务 （4）第一类数据通信业务 1）互联网国际数据传送业务 2）互联网国内数据传送业务 3）互联网本地数据传送业务 4）国际数据通信业务 （5）IP 电话业务 1）国内 IP 电话业务 2）国际 IP 电话业务	2. 第二类基础电信业务 （1）集群通信业务 1）数字集群通信业务 （2）无线寻呼业务 （3）第二类卫星通信业务 1）卫星转发器出租、出售业务 2）国内甚小口径终端地球站通信业务 （4）第二类数据通信业务 1）固定网国内数据传送业务 （5）网络接入设施服务业务 1）无线接入设施服务业务 2）有线接入设施服务业务 3）用户驻地网业务 （6）国内通信设施服务业务 （7）网络托管业务

（续）

		2. 第二类增值电信业务 （1）在线数据处理与交易处理业务 （2）国内多方通信服务业务 （3）存储转发类业务 （4）呼叫中心业务 1）国内呼叫中心业务 2）离岸呼叫中心业务 （5）信息服务业务 （6）编码和规程转换业务 1）域名解析服务业务
增值 电信 业务	1. 第一类增值电信业务 （1）互联网数据中心业务 （2）内容分发网络业务 （3）国内互联网虚拟专用网业务 （4）互联网接入服务业务	

随着科技的发展，也出现了恶意使用电信网络的行为。例如，电信网络诈骗犯罪层出不穷且危害性极大，对人民的人身安全和财产安全造成了巨大损失。为响应国家对电信网络诈骗新一轮打击攻势，遏制电信网络诈骗犯罪高发态势，切实维护社会治安稳定，中国电信集团运用大数据与 AI 信息技术强化电信网络诈骗精准定位、高效治理能力，也为用户提供了诈骗电话识别、诈骗短信识别等防范业务，健全完善了行业防范治理长效机制，也可以满足用户的多样化需求。

4.1.2 信息通信产品

1. 产品的概念

产品是指任何提供到市场上、能够满足需要或需求的东西，按其形态可分为有形产品、无形产品和服务类产品。有形产品是看得见、摸得着的实体物品；无形产品不具备实体形态，只能间接地被感知（一般把服务广义地归类到无形产品之下）；服务类产品需要高质量的控制性、准确性和适应性，其没有固定的形式，需要根据提供服务的人的不同、提供服务的场所的不同、服务对象的不同而变化。

2. 信息通信产品概述

（1）信息通信产品的概念

信息通信产品的概念由传统电信产品演化而来，业界对于信息通信产品的定义也不同，下面分别给出中国电信公司、中国联通公司及北京邮电大学学者的定义。

中国电信公司给出的定义是：电信产品是电信业务经过市场化包装的产物；它是按照客户的需求向市场提供各种差异化或差别化的电信服务项目。由于电信产品是一种服务，因此，电信产品的生产过程和消费过程是同时产生和同时消失的，而电信的生产过程就是电信网络（信息）的运营过程。

中国联通公司则在其产品管理规范中指出：产品是指运用营销手段，在业务或业务组合的基础之上，叠加"销售对象、资费计划、服务水平、销售地域、销售渠道、配套资源"六个属性后的产物，是向客户最终交付的、客户可以购买的业务或业务组合的具体实例。

北京邮电大学的学者曾经给电信产品下过如下定义：电信产品是以电信业务为基础的，借助电信业务提供给客户的信息产品和电信服务的混合体，能够满足消费者的共享或体验需求。产品是面向客户销售的，即通过市场销售渠道提供给客户，从客户角度来分，产品可分为个人客户产品和集团客户产品两类。从产品提供方角度来分，产品可分为电信运营企业自有产品（如语音产品、短/彩信产品）和合作伙伴产品（如微信、微博、QQ 等）。

伴随着传统电信产品的概念朝着信息通信产品概念的演化，相应地，传统电信运营商也向着更为广义的信息通信服务提供商演变。信息通信服务提供商（简称服务提供商），TMF 对其定义是：服务提供商是价值网中的价值提供者或增值者。在目前的信息通信产业环境下，基于电信技术的服务提供商（即传统的电信运营商）类型正在衰退，而采用不同技术的新兴服务提供商正在崛起，它们与传统服务提供商之间的竞争日益加剧，比如数字化内容提供商的出现正在迫使传统的广电视频产业转型。

在这种产业转型的背景下，TMF 对信息通信产品的定义是：产品是指一个实体（提供商）向另一个实体（客户）供给或提供的任何东西。产品可能包含服务、已加工材料、软件或硬件以及它们的任意组合。产品可能是有形的（如商品），也可能是无形的（如概念），或者两者的组合。但是，产品总是包含业务元素。

总而言之，信息通信产品（电信产品）是以市场为核心、是为满足客户需求而对信息通信业务进行包装后的产物，包括业务功能和相关服务的包装。信息通信产品是面向客户的概念，它面向特定的目标客户群，如商务客户、家庭客户、个人客户等。完整的信息通信产品概念应该包括名称、资费、品牌、渠道以及服务等营销元素。

参考科特勒的产品的整体概念，我们可以对信息通信产品进行类似划分：信息通信产品整体概念由三个层次构成，即核心产品、形式产品和附加产品，如图 4-1 所示。

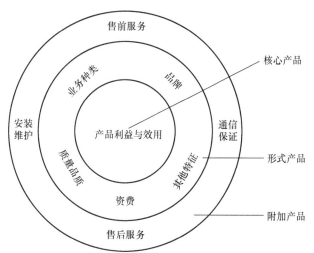

图 4-1　信息通信产品整体概念的三个层次

1）核心产品：核心产品是信息通信产品概念中最基本的层次，它是指客户购买某种信息通信产品时所追求的基本效用或核心利益，是客户真正的购买意图所在。客户购买某种信息通信产品，并不是仅仅为了获得产品本身，更是为了获得能满足某种需要的效用或利益。所以，信息通信企业在形式上出售的是产品，但在本质上是满足客户信息通信需求。

2）形式产品：形式产品即产品的形式，比产品的实质具有更广泛的内容。它是信息通信核心产品的载体和表现形式，主要通过信息通信产品的特色和通信质量来反映，包括产品的业务种类、品牌、资费、质量品质、特征等。例如信息通信产品的业务种类有语音通话业务、短信/彩信业务、数据通信业务、即时通信业务、多媒体业务等。信息通信产品所属的客户品牌，如中国移动公司有全球通、神州行、动感地带、和家庭等；中国电信公司有天翼e家、翼支付、天翼云等；中国联通公司有沃5G、智慧沃家、沃友、沃云等。信息通信形式产品向人们展示的是核心产品的外部特征，以满足同类客户的不同要求。因此，信息通信运营企业应着眼于客户购买的产品的实际需要，寻求解决需求的形式，并进行产品设计。

3）附加产品：附加产品是客户购买信息通信产品时所能得到的全部附加服务与利益，体现了信息通信产品的服务性。其包括产品的售前、售中、售后过程中各种技术性、商业性服务项目，如提供咨询、培训、安装与维护、上门服务、VIP服务等。附加产品的概念源于信息通信企业对市场的深入认识，因为客户的目的是满足某种通信需求，因而围绕该项通信需求产生的系列产品应运而生。

从产品三层模型的角度来看，信息通信产品的核心产品层是信息产品的效用和信息通信服务，其中信息通信服务是必选的；信息通信产品的形式产品层主要由信息产品和信息通信业务构成；信息通信产品的附加产品层则包括售前服务、售后服务等。

数字时代赋能新产品

当前，通信行业进入存量竞争的新阶段，国家高度重视数字经济发展，国家层面数字化被提到了前所未有的高度，如何把握关键场景孕育的巨大发展机遇需要通信企业加快探索和实践。面对十四五收入快速增长的新要求，迫切需要在产品领域转型，重构产品管理体系、推动产品跨越发展、整合产品发挥优势，打造价值经营新抓手、引领行业发展新局面。

为帮助行业头部企业客户进行数字化转型，关注头部企业工作场景，服务头部企业的工作手机需求，促进头部企业通信再升级，助力头部企业数字化转型，中国联通推出了"联通云犀"5G数字化平台品牌，为企业客户提供"一站式＋云应用"服务的综合解决方案，具有"一点接入服务全网"的跨域服务和丰富的云上应用。基于大数据＋AI技术，其他企业也同步推出了智慧城市、智慧矿山、智慧文旅、智慧医疗、智慧工业、智慧农业、智慧教育、智慧交通、智慧金融等智能产品。

（2）信息通信产品的属性

产品的属性是以业务到产品的形成过程为基础，在各个环节中提炼出来的。作为直接面向客户销售的组合物，信息通信产品包括八个基本属性：业务组成、内容应用、销售对象、销售地域、销售渠道、资费计划、服务水平及配套资源。

1）业务组成：产品可能仅包含某一项业务，如仅有上网流量，或仅有通话时长；也可能是包含多项业务打包后形成的业务组合，如通话时长、上网流量、短信/彩信条数等套餐类产品。

2）内容应用：随着信息通信运营企业从传统的基础电信网络运营商向现代化的综合通信和信息服务提供商转型，信息通信产品中信息的成分越来越重，包括信息内容和信息处理应用等，如手机阅读、音乐、手机报、手机购物、移动支付、视频点播、直播、天气预报、手机导航等。

3）销售对象：销售对象即产品的目标客户，可以是个人客户或集团客户。一个完备的电信产品，往往会对销售对象进行进一步细分，进行针对性的销售。如前所述，客户品牌反映产品的目标客户定位。因此，电信产品一般仅针对某一客户品牌下的客户进行销售，即其销售对象一般为某一个客户品牌下的所有客户或者更小的细分客户群。

4）销售地域：销售地域即产品销售的地理范围，可能是全国、省内、地市、县区等。

5）销售渠道：销售渠道是指产品在销售过程中所借助的渠道通路、配套的渠道政策等内容，如实体渠道、电子渠道、分销渠道等。

6）资费计划：资费是信息通信服务的商品价格。信息通信资费与一般有形商品价格的性质是一样的，区别是此类信息通信服务不具实物形式，是无形的、非实体的，也没有有形商品使用价值的实体承担者。

资费计划由资费政策和结算原则两部分构成，其中资费政策是客户为获得某个产品需实际交纳费用的计算方式，包括资费套餐和促销活动两个部分，同时促销活动不是每一个产品的资费政策必须包含的；结算原则是公司内部各专业或各分公司之间针对该产品适用的结算规则，还包括公司与合作伙伴之间针对某产品中的内容、应用的结算规则。

7）服务水平：服务水平是指客户在购买产品后，可以获得的相应服务内容和标准。具体包括：

① 信用度，客户购买产品后，即享受初始信用度。该信用度将根据客户的在网时间、消费水平、缴费情况、客户资料情况等逐步调整。

② 付费形式，即客户所购买的产品所要求的付费形式，如后付费、预付费等。

③ 服务级别，即客户购买产品后，所享受的初始客户服务级别，对应于分级服务的五个级别。该服务级别通常由信用度、付费形式和客户资料完整度等因素决定，并可逐步调整。

④ 积分，用以标示客户购买的产品是否参与积分，是否有购买的初始积分或促销奖励积分，以及该产品具体的积分规则。

⑤ 质量标准，即客户与电信运营企业达成的关于购买和使用产品应享有的服务质量标准，如专线客户的网络中断时长不得超过协议规定时限。

8）配套资源：配套资源是指客户在购买产品时，在号码、智能卡和手机终端方面的资源配合情况。

4.1.3　信息通信业务与产品的关系

业务是信息通信网络的各个部分按照一定的逻辑关系组织起来共同提供的一个或一组功能，是承载于物理网络之上的利用各类硬件、软件和信息资源形成的对信息的传递、存储或处理的功能（或服务）。业务是产品的基础，产品是业务的具体应用；业务不考虑具体的信源和信宿；两者之间既有区别又有联系。

产品是指根据客户需求，针对不同客户，对业务功能、信息内容等要素进行组合，并赋予品牌、资费、渠道、客户服务等商业元素后的产物。产品是信息和服务的混合体，既包括加工处理后提供给客户的内容元素（声音、数据、图像、视频等），也包括与提供内容相伴随的服务，能够满足客户的沟通或/和体验需求。品牌、资费等商业元素是信息通信产品的重要组成部分，但并非信息通信产品的核心。以整体产品概念来看，信息通信产品的核心是信息和服务；信息通信业务是核心产品的载体；品牌和资费等则是信息通信产品的附加产品。产品是信息和服务的混合体。不同产品中，服务和信息的占比不同，有些产品中服务类产品居多，如语音套餐、流量套餐等；有些产品中信息类产品居多，如今日头条等。

业务是信息通信服务提供商放在产品中的功能实现，同一个业务可以包含在多个产品中，可以进行不同的包装，采取不同的价格，而某一产品中也可能包含多个业务。产品是具有明确功能、可定价、拥有品牌等商业属性的业务与内容的组合，它可包括信息通信服务提供商的自有产品、与合作伙伴形成联合品牌销售的产品，以及形成代理关系的产品。

4.2 信息通信产品管理的基本概念

4.2.1 产品管理概述

1. 产品管理的概念

产品管理是将企业的某一部分产品（包含有形产品、无形产品和服务）或产品线视为一个虚拟公司所开展的管理活动。

产品管理主要应该包括七个环节，即产品战略管理、产品需求管理、产品开发管理、产品规划管理、产品市场管理、产品上市管理、产品（市场）生命周期管理。其中主要管理内容包括：新产品开发、产品市场分析、产品发布、产品跟踪推广、生命周期管理等。

各企业根据需要也有自己独特的产品管理流程，如山西移动公司围绕"客户"和"价值"两个关键要素，从产品设计、订购规则、服务开通、业务计费、账单服务、客户服务、渠道管理、投诉管理、营销推荐等产品管理全流程协同开展质量监控与质量提升工作，用全景视角保障产品质量，如图4-2所示。

2. 产品管理出现的背景

产品管理随着企业外部的市场竞争加剧和内部的产品线拓展出现。当外部市场需求变化越来越快，竞争越来越激烈，技术不断更新换代时，产品——尤其是产品背后的核心技术成为企业制胜的关键。面对纷繁复杂和变化多端的外部环境，企业需要对市场和产品进行细分，针对细分市场，根据目标客户群不断变化的需求提供产品。专业的产品管理团队会自始至终关注不同客户群需求，有效把握市场和竞争的变化，并提供满足市场需求的产品。从内部来看，当企业的产品线成长到原来以职能划分的组织架构难以负荷的程度时，就需要进行更细化的产品管理。大多数企业会设立专门的产品经理岗，主要负责前期市场调研、了解需求，参与设计方案制定，销售与协调。

3. 产品管理的职能

由于企业规模和历史的不同，产品管理也具有不同的职能。产品经理可以是一个独立的角色，也可以由其他角色分担。通常来讲，损益指标是衡量产品经理绩效的一个关键指标。在一些企业，产品管理职能是围绕产品而开展的许多活动的"聚集地"。在另一些企业，产品管理只是活动中的一项，这些活动共同把产品推向市场，并主动地监控和管理产品在市场上的表现。在超大型的企业里，产品经理需要按照系统规范有效控制产品从装运到交付的各个环节。

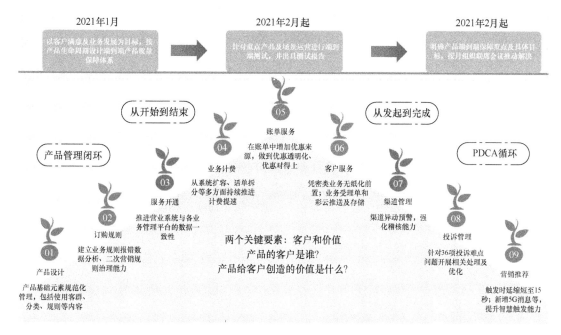

图 4-2　山西移动产品管理端到端流程

产品管理通常还要在企业内承担连接不同角色团队的桥梁作用，最主要的是在工程技术团队和商务团队之间。比如，产品经理通常要把向市场营销或销售部门制定的产品业务目标转述成工程技术需求（有时称技术规范）。相应地，他们还要把成品的能力和局限解释给市场营销和销售人员。产品经理可能还要直接对接一个或多个管理运营任务的负责人。在制造企业，制造职能通常和研发职能分离，产品经理还要填补这两者之间可能存在的空白。

产品管理的两大职能包括产品开发和产品市场营销，其目标是使销售收入、市场份额和边际利润最大化。产品管理也包括了产品的淘汰决策，始于发现要被淘汰的产品，进而考虑补救措施，制定实施方案，最后由管理层进行决策。在产品管理过程中，产品经理通常要负责分析市场情况，确定产品的特性或功能。产品管理可以是独立的职能部门，也可以是市场营销或工程技术职能的一部分。从总体来看，产品管理是一项引导企业整体文化和产品形象的多维管理程序，它打破了传统业务部门的壁垒，通过整合跨部门资源，帮助企业或组织实现价值最大化，并提高客户（或用户）满意度。

4.2.2　信息通信产品管理的主要职能

从信息通信服务提供商的角度出发，信息通信产品管理主要关注产品生命周期，以及与其相关的产品信息和运营过程，主要目标是高效开发产品，将其迅速提供给目标客户，并提供配套的服务保障和支持，以及在运营过程中监控产品销售情况。如图 4-3 所示，信息通信产品管理的四大主要内容包括：产品战略管理、产品目录管理、产品生命周期管理和产品绩效管理。其中，最核心的内容是产品生命周期管理。

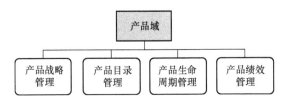

图 4-3 信息通信产品管理的四大主要内容

1. 信息通信产品战略/主张管理

产品战略是通过产品的市场销售来实现经营战略目标的行动计划。产品主张是通过特定产品向目标市场销售从而实现产品战略的想法。因此，产品战略/主张管理需要捕捉和厘清公司战略细节，明晰开发、交付和销售什么产品。为此，需要企业跨越不同操作小组和市场单元，从企业层面管理相应信息。

产品战略/主张管理的核心应用功能包括以下内容。

- 战略捕获和管理的细节。
- 将战略与产品主张相联系。
- 将产品主张与产品相联系。
- 战略交付项目管理——对通过产品来实现产品主张然后实现战略的过程进行管理。
- 战略绩效报告——通过监控产品的市场表现报告战略的实施绩效。

由此可见，产品战略/主张管理的核心是确定向目标市场提供何种产品，并对产品的市场运营绩效进行监控。

为实现这一核心任务，其关键是界定目标市场、了解目标市场需求，并建立目标市场与产品组合的联系。

中国移动某分公司根据各类产品的发展阶段和特点，制定"发展一批、培育一批、孵化一批、探索一批"的产品发展战略，实现产品"分梯队，递进式"发展，如图 4-4 所示。

	发展一批	培育一批	孵化一批	探索一批
发展策略	量质并重，争先进位 考核+激励	多点开花，规模增长 激励+通报	打造标杆、优化产品 试点+标杆复制	紧随集团，属地创新 项目+创新奖励
个人类 (15个重点方向)	移动云盘、咪咕视频、 视频彩铃权益产品(4项)	超级SIM卡、5G消息、 云游戏、和包(4项)	移动认证、云VR、云 AR、金融科技产品(4项)	缝隙市场、5G多量 纲、融合发展产品等
家庭类 (11个重点方向)	大屏点播、智能组网 (2项)	家庭安防、语音遥控 (2项)	场景化宽带、爱家教育、 健康养老、爱家办公、智 慧社区(含数字乡村)、 HDICT(含全屋智能)(6项)	家庭场景定制化解 决方案
政企类 (17个重点方向)	移动云、5G专网、物 联网、集团专线、企业 宽带(5项)	移动云大单、DICT项 目大单、物联网项目大 单、IDC大单、5G专网 项目大单、智慧城市大 单(单独激励)(5项)	千里眼、高精度定位、 智慧党建、和盾-抗D、智 慧社区解决方案(5项)	云边云智云网融合 类、中小企业融合产 品

图 4-4 "四个一批"产品发展战略

2. 信息通信产品目录管理

（1）产品目录管理的定义

产品目录用于集中存储和管理所有的产品数据。为内部管理人员、合作伙伴和营销服务渠道提供一个一致的、集成的、基于角色的动态产品视图，其基本内容包括建立、管理和维护公司的产品目录。其他的功能还包括对产品目录的使用和进入数据库中的数据的质量进行监管和报告；产品目录中包含了所有产品的信息，以及产品与相应产品、业务、资源之间的关系。

与业务目录管理不同，产品目录管理在分类方式和分类标准上有自己的特点。

（2）产品目录的分类标准

产品目录按照产品分类标准进行管理，并遵循相关分类原则。产品分类标准的建立是以后进行产品目录管理的基础，产品的分类标准包括分类方式和分类原则两个部分。

产品的分类方式一般包括以下几种。

1）对象类型：主要根据客户对象的不同进行划分，例如集团客户产品、个人客户产品。

2）适用品牌：基于电信运营企业各自开发的市场品牌进行划分，例如中国移动公司的 5G 直通车、全球通、动感地带、神州行；中国联通公司的新时空、新势力、如意通等。

3）产品归属：基于产品的开发单位进行划分，可分为自有产品和合作伙伴产品。

4）业务类型：根据业务的功能进行划分，可划分为语音、数据、内容等。

产品的分类原则是对各类产品基于不同属性进行分类，以便对现有的产品种类和概况有一个较清晰的认识，方便对产品运营管理。

产品分类的目的是通过设置分类维度，在一定的分类原则下，从不同维度展现现有产品的全貌。分类维度可定义和组合，结合公司实际，分类维度包括产品管理级别、目标客户、客户需求、业务形式、市场生命周期、产品阶段、产品价值和合作模式等。

例如中国移动公司产品分类包括以下内容。

1）根据产品管理级别分类

一类产品：全网规划、统一运营

二类产品：全网规划、分省运营

三类产品：分省规划、分省运营

2）根据产品针对的目标客户类型分类：个人客户、家庭客户、集团客户。

3）根据产品面向的客户需求分类：客户界面类、基础通信及扩展类、生活娱乐商务类、集团标准产品。

4）根据产品的业务形式分类：话音类产品、数据类产品、综合类产品。

5）根据产品所处的市场生命周期分类：投入期、成长期、成熟期、衰退期。

6）根据产品所处的阶段分类：需求规划、开发实施、测试/试点、商用。

7）根据产品所具有的价值分类：收入型、黏性型、造势型、培育型、利基型。

8）根据不同合作模式分类：自有产品、合作产品。

（3）产品目录的维护与升级

产品目录的维护包括对目录结构的定义和目录内产品信息的维护。产品目录的结构可能随产品发展而进行扩展或变更。产品目录中的产品变更需要记录详细日志，并可能需要与合作伙伴的产品目录进行数据交换。此外，与产品相关的服务和资源目录信息发生变化时，也要调整相应的产品目录信息。

在产品没有发生重大变化时，可以通过对现有产品版本升级的方式予以区别，例如：

1）可选业务中增加了某个已开放的业务。

2）省级或省级以下产品的销售地域变化。

3）产品的资费套餐不变，结算政策不变，仅仅是产品实施了某项短期的促销活动。例如阶段性促销（如指定日期内的充值赠话费活动）、指定客户群促销（联通腾讯王卡客户享受 8 个视听 APP 会员）等形式。

4）产品的销售渠道、服务水平、配套资源属性、资费计划属性发生变化，仅须产品版本升级即可。

（4）业务和产品目录管理的信息化

电信业务组成了一个复杂的电信产品体系，电信企业需要借助高效的信息化系统来加强对业务和产品的运营，以便实现企业的经营目标。目录信息管理系统本质上是一种数据库技术。我们认为该系统应具有以下三大特点。

1）协同性：能够连通相关的异构 IT 系统，实现数据流通和信息共享。

2）挖掘性：面对大量的产品信息，借助信息技术支撑管理和决策，企业能够挖掘出有价值的信息，以此提高企业的核心竞争力。

3）扩展性：系统要为将来可能出现的新问题、新需求提供可扩展的空间，并积极寻求与其他系统的对接和集成。

建立一个高效的目录管理系统，可以在很大程度上整合电信运营企业的可用资源和服务，保证电信运营企业具有连续推出新产品、抢占市场的能力。在业务和产品管理过程中，可以利用经营分析系统为产品策划、产品追踪以及产品评估提供信息支持，以调整产品结构和产品定位，提供更具竞争力和满足市场细分需求的产品。

3. 信息通信产品生命周期管理

信息通信产品生命周期管理是产品管理四大内容中最重要的内容。

信息通信产品生命周期管理负责管理产品及其相关组件的整个生命周期，包括设计、构建、部署、维护和最终退出产品整个过程所需的所有活动。产品生命周期管理包括定义新产品和更新现有产品所需的所有活动和相关管理工具。一般来说，产品生命周期管理的活动需要在跨区域的多个部门之间进行全面协作。可能包括收集客户需求/偏好，并将其与当前和未来的产品能力进行对比分析。

产品生命周期管理被用于支持以下核心功能。

- 收集产品需求。
- 产品模型开发。
- 描述产品特征的细节。
- 介绍新产品。
- 管理现有产品。
- 放弃和从市场退出某些产品。

- 实施市场战略。

信息通信产品全生命周期分为研发周期和市场周期共八个阶段，如图 4-5 所示。

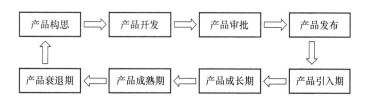

图 4-5　信息通信产品全生命周期图

（1）信息通信产品研发生命周期管理

信息通信产品研发生命周期主要包括图 4-5 中的四个部分：产品构思、产品开发、产品审批和产品发布。信息通信产品的开发与网络工程建设存在非常密切的关系。信息通信网络和平台是信息通信产品存在的物质基础，一种类型的信息通信通常依靠一种以上的信息通信网络和平台，以及其他支撑网络的支持。信息通信产品的开发一般在网络建设之前就开始提出设计，但其发布必须在网络竣工以后。随着大量增值业务成为电信竞争的焦点，在网络建设之前进行信息通信产品构思越来越成为普遍的现象。

产品构思是根据详细的数据分析和数据挖掘，或者根据客户的需求，提出产品/产品套餐的初步概念，并在此基础上进行相应的市场调查、虚拟营销，再经过筛选，最后形成供研发的产品概念。

产品开发是从产品概念出发，组织各专业人员，确定产品与服务、资源的相互关系，并根据定价策略，确定产品/产品套餐相应的资费策略、优惠套餐等价格因素，参考图 4-6。产品研发是一个复杂的过程，大部分的产品概念在研发过程中由于某种原因而被淘汰。由于信息通信网络和平台的复杂性，产品研发除营销、市场部门的人员外，必须有运维部、网管中心、计费中心

套餐名称	月费	套内		套外			特权
		国内流量	国内语音	流量	语音	短信	
腾讯王卡5G版（权益版）	90元（享7折优惠）~~原价129~~	30GB	500分钟	3元/GB	0.1元/分钟	0.1元/条	1. 5G上网速率；2. 限时福利：8个热门视听APP会员每月最高可免费领取2个
4G冰淇淋套餐	99元	20GB	300分钟	5元/GB	0.15元/分钟	0.1元/条	/

图 4-6　中国联通公司 4G 与 5G 个人类型某款业务对比图

等部门专家参与，必要情况下还需要与设备提供商进行沟通和交流，形成跨企业的产品价值链。

产品审批过程是在产品正式发布前，送交相关部门进行审批。这个审批过程应采用规范的流程进行管理，由各部门严格审查，重点审查支持产品的网络改造是否完成，运营支撑系统是否就位，以避免产品发布后由于某种因素发生问题造成市场影响。

产品发布是在新产品/产品套餐审批通过后，将新产品信息加入产品目录，向客户和相关市场销售部门发布，并触发启动新的生产流程管理，完成客户订购新产品的开通实施，为客户开展后续服务；同时提交计费营账系统，执行新产品的计费及账务管理。

产品研发是一个复杂的过程，但在电信行业中，仅仅是产品整个生命周期中相对较短的一部分，信息通信产品市场生命周期才是信息通信产品整个生命周期中最长也最灵活的一个周期，它是电信运营企业关注的重点和焦点。

（2）信息通信产品市场生命周期管理

产品的市场生命周期管理是在产品生命周期过程中所采用的业务管理连续策略。产品销售的情况会随着时间的推移而发生变化，因此在其生命周期的各个阶段必须加以管理。

产品的市场生命周期和其他生命周期类似，它将产品的销售分为四个阶段：引入期（投入期）、成长期、成熟期和衰退期（见图4-7）。引入期和成长期是产品生命周期的最初阶段，在这个阶段产品销售增长非常快；进入成熟期后产品销售趋于稳定；衰退期预示着产品生命周期的结束。

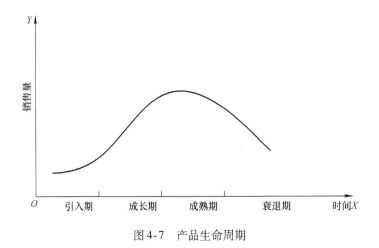

图4-7　产品生命周期

产品生命周期的四个阶段各有不同的特点：在引入期，市场增长率和市场规模都比较小，对于大多数潜在的竞争者不太有吸引力，他们宁可观望一段时间。在成长期，市场规模和销售量开始增长，市场吸引力也随之增强，竞争者不断涌入。在成熟期，企业则比较难于进行明确的判断，因为这个阶段市场增长率比较低，市场规模或许已经达到了顶点，消费价值大但是增长缓慢。在衰退期，市场变得不再有吸引力，大多数竞争者会退出产品的竞争（见表4-2）。

区分产品生命周期的各个阶段更像一门艺术而不是科学，但我们可以找到不同阶段产品特征的共同模式。当产品处于过渡期的时候，很难明确判断产品处于哪个阶段（见表4-3）。

表 4-2　产品生命周期各阶段的特点

阶段	特　　点
1. 引入期	1. 成本很高 2. 开始的销售量增长很缓慢 3. 很少或没有竞争 4. 需要创造需求 5. 需要推动客户去尝试产品 6. 在这个阶段赚钱很少
2. 成长期	1. 伴随规模经济效益，成本降低 2. 销售量大幅度增长 3. 利润率开始上升 4. 大众认可提高 5. 在已建立的市场上，由于少数新竞争者的加入，竞争开始加剧 6. 竞争的加剧导致价格下降
3. 成熟期	1. 由于销售量提高和经验曲线效应，成本进一步降低 2. 销售量达到顶峰，市场趋于饱和 3. 进入市场的竞争者增加 4. 由于竞争产品的增加，价格继续下滑 5. 强调品牌差异化和性能多样化，以保持或增加市场份额 6. 产业利润降低
4. 衰退期	1. 成本成为最佳反击 2. 销售量下滑 3. 价格继续下降，无利可图 4. 利润变成了对产品/分销效率的挑战 注：产品的终结通常不是业务周期的终点，而仅仅是更大范围内运转的业务项目中的一个单项

表 4-3　产品生命周期各阶段的区分

可用于区分的特征	阶段			
	引入期	成长期	成熟期	衰退期
销售量	低	高	高	低
投资成本	很高	高（小于引入阶段）	低	低
竞争	低或没有	高	很高	很高
广告	很高	高	高	低
利润	低	高	高	低

对于产品市场营销的管理者来说，了解产品生命周期理论的局限性非常重要。对于某些特殊产品，其产品生命周期的各个阶段很难预测，很难确定什么时候开始成熟，什么时候开始衰

退。销售量本身的增加并不一定意味着是在成长期，而销售量本身的下降也并不意味着某些产品的衰退。

不同的产品其生命周期的"形状"会不同。流行一时的产品，其成长期一般非常陡峭，成熟期短暂，然后是非常陡峭的衰退期。一个特定的产品（或一个产业中的产品族）会有其独特的产品生命周期，其生命周期的模式只能为市场营销管理层提供一个粗略的指导参考。

产品生命周期管理的目的是要缩短产品投放市场的时间、改善产品质量、降低样品成本、发现潜在销售机遇和收入贡献、在产品生命周期终结的时候减少对环境的影响。为了创造出成功的新产品，企业必须要了解其客户、市场和竞争对手。产品生命周期管理要整合人员、数据、流程和业务系统，为企业及其延伸供应链上的企业提供产品信息。生命周期管理可以帮助企业在为全球化的竞争市场开发新产品时，克服日益增长的复杂性和技术挑战。

4. 信息通信产品绩效管理

产品绩效管理包括收集和分析产品战略/主张的有效性数据，以及其他产品运营情况数据的所有活动和管理工具。产品绩效管理用于实现以下功能。

- 追踪产品促销。
- 产品收益报告。
- 产品成本报告。
- 产品能力分析。
- 产品成本管理。
- 产品仓储优化。
- 产品来源决策。

……

结合产品管理的基础知识和 eTOM（业务流程框架）模型对信息通信产品管理内容的界定，接下来本章将重点对信息通信产品的规划、设计、运营三大管理内容进行详细介绍。

4.3 信息通信产品规划及管理

一款产品从概念提出到发布，包括产品规划、产品设计、产品开发、产品发布等主要流程。产品规划本质是明确什么问题有价值需要解决，我们用什么产品方案来解决这个问题；产品设计是对产品方案进行从概念设计到详细设计的过程；产品开发是按照产品设计把产品开发出来；产品发布是把产品交付上线。

产品规划包括用户研究、需求分析、市场调研、团队研究等四方面内容。

4.3.1 用户研究

用户研究是对使用产品的用户的调研。目的是区分出用户群体（因为非用户群体会干扰对群体对产品的诉求信息），发掘他们的问题，梳理出核心问题，并察觉他们在产品使用和付费过程中存在的顾虑。只有足够了解使用产品的用户，才能获得真实可靠的产品需求，因此用户研究至关重要。

用户研究的方式如下：

首先，让行业内颇具经验的专家参与产品研究过程最为有效。行业专家对用户的把握更精准，能提炼出最核心的需求和产品价值。

其次，需要建立用户研究的维度。为此，大中型企业一般会设立专门的部门。人数不足的小团队也应该关注这个维度，不断丰富积累用户调研信息。

再次，建立用户画像，描绘用户特质。可以从基本信息（性别、年龄、地域、人口属性）、兴趣爱好、商业消费（收入、学历）等维度建立用户画像。

建立用户画像分为三个步骤：获取和研究用户信息、细分用户群、建立和丰富用户画像。在这三大步骤中，最重要是对用户信息的获取和分析，从这个维度上讲主要有以下三种方法（见表4-4）。

表 4-4　建立用户画像方法

方法	步骤	优点	缺点
定性用户画像	1. 定性研究：访谈 2. 细分用户群 3. 建立细分群体的用户画像	省时省力、简单，需要专业人员少	缺少数据支持和验证
经定量验证的定性用户画像	1. 定性研究：访谈 2. 细分用户群 3. 定量验证细分群体 4. 建立细分群体的用户画像	有一定的定量验证工作，需要少量的专业人员	工作量较大，成本较高
定量用户画像	1. 定性研究 2. 多个细分假说 3. 通过定量收集细分数据 4. 基于统计的聚类分析来细分用户 5. 建立细分群体的用户画像	有充分的佐证、更加科学、需要大量的专业人员	工作量大，成本高

简单来说，定性是了解和分析，定量是去验证。一般而言，定量分析的成本较高、相对更加专业，而定性研究则相对节省成本。创建用户画像的方法并不是固定的，而是需要根据实际项目的需求和时间以及成本而定。比如针对某个海淘 APP 项目，对其产品的用户画像如图 4-8 所示。

4.3.2　需求分析

需求分析是在一个完整的需求管理过程中完成的。

1. 需求管理

需求管理是把需求看作加工产品的原料，并对原料进行收集、入库、顺序出库、加工的管理过程。包含需求采集、需求分析、需求筛选三个方面，如图 4-9 所示。

需求采集是要建立持续的需求采集的渠道，使得需求能持续性被发现和采集。常用的需求采集方法，如"数据分析"、"调查问卷"、"用户访谈"等。

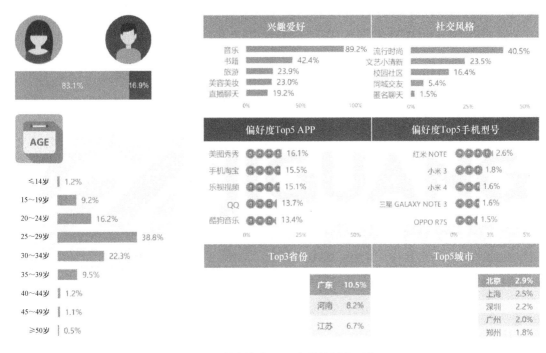

图 4-8　某个海淘 APP 产品的用户画像

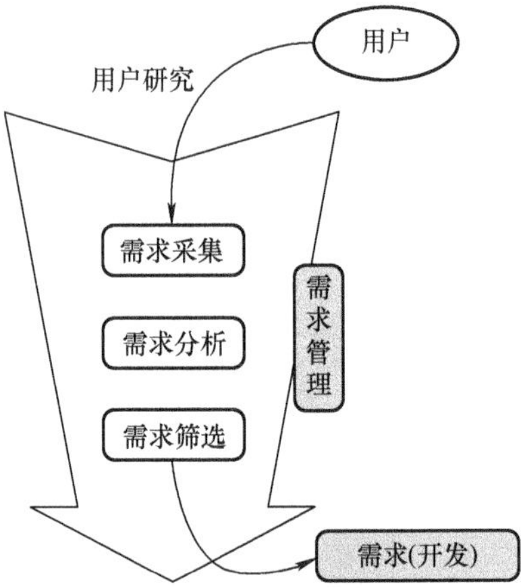

产品经理要"听用户的，但不要照着做"，必须明确
"我们存在的价值"是"把用户需求转化为产品需求"，
这一过程即需求分析过程。需求分析需要区分出用户需求
的价值大小、本质和表象、真实和虚假，以及需求的重要
性层次。因为，资源总是有限的，所以一个企业只能做性
价比高的事情。需求筛选，就是通过"分析需求的商业价
值"、"初评需求的实现难度"，从而计算出需求的"性价
比"，从而选出"最需要做的事情"。

2. 需求采集

在实际工作中，到底采用哪种需求采集方法，往往取
决于资源，比如人员数量与能力，以及时间、经费限制
等。如果资源少可以简化处理，如利用二手资料＋内部讨
论，拟定大致的用户需求。有一定资源后，可以进行用户

图 4-9　需求管理的内容

访谈，请咨询公司协助出调查报告，或者做跨区域用户调研。需求采集的方法很多，一般分为以
下四种（见图 4-10）。

用户访谈，是一种定性的方法。通过用户访谈可以了解用户的观点、目标。用户访谈经常用
于新产品方向的预研中，或者通过数据发现现象后去探索现象背后的原因。

调查问卷，是一种定量的方法。调查问卷与用户访谈提纲是有区别的，用户访谈提纲通常是

开放性问题，适用于不明晰产品定位的时候去
寻找产品的方向，适合与较少的对象进行深入
交流；而调查问卷通常封闭式问题比较多，适
合大用户量的信息收集，但深入效果差，一般
只能获得明确问题的答案。

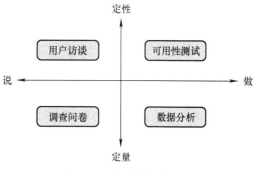

图 4-10 需求采集的方法

可用性测试，是一种定性的实操方式。可
用性测试是指通过让实际用户使用产品或原型
来发现界面设计中的可用性问题，通常只能做
少数几个用户的测试，看他们怎么做，属于典
型的定性研究。实施过程如下：

1）招募测试用户。招募测试用户的主要
原则是，这些用户要尽可能地代表将来真实的用户。比如说，如果产品的主要用户是新手，那么
就应当选择一些对产品不熟悉的用户。

2）准备测试任务。测试的组织者在测试前需要准备好一系列要求用户完成的任务，这些任
务应当是一些实际使用中的典型任务。

3）监控测试过程。可用性测试的基本过程就是用户通过使用产品来完成所要求的任务，同
时组织者在一旁观察用户操作的全过程，并把发现的问题记录下来。

4）测试结束。组织者可以询问用户对于产品整体的主观看法或感觉。另外，如果用户在测
试的过程中没有完全把思考的过程说出来，此时也可以询问他们当时的想法，询问他们为什么
做出那些操作。

5）研究和分析。在可用性测试结束之后，组织者分析记录并生成一份产品的可用性问题列
表，同时对问题的紧要程度进行分级，我们可以根据项目进度来选择优先处理哪些。

数据分析，是一种定量的方法。在大数据背景下，数据分析往往需要对运营过程中积累的数
据进行科学、系统的分析。

3. 需求分析

整个需求分析过程如图 4-11 所示，需求分析是先把用
户需求转化为产品需求，然后一步步确定每个产品需求的
基本属性、商业价值、实现难度、性价比等。

（1）需求转化

对于这个过程，两头就是用户需求和产品需求，而这
中间的转化过程就是需求转化。

用户需求：用户自以为的需求，并且经常表达为用户
的解决方案。

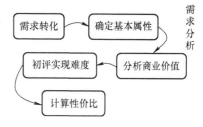

图 4-11 需求分析的过程

产品需求：经过专业分析找到的真实需求，并且表达为产品的解决方案。

需求转化：从用户提出的需求出发，找到用户内心真正的渴望，再转化为产品需求的过程。

需求分析师可以无视用户表层愿景，探究其内心真正的渴望，再给出更好的解决方案，或者
说是用户真正需要的东西。

（2）确定需求的基本属性

需求的基本属性见表4-5，可以包括需求的编号、提交人、提交时间、模块、名称等多个基本属性。

表4-5　需求的基本属性

基本属性	说明
编号	需求的顺序号，唯一性标识
提交人	需求的录入PD（产品设计师），负责解释需求
提交时间	需求的录入时间，辅助信息
模块	根据产品的模块划分
名称	用简洁的短语描述需求
描述	需求描述：无歧义、完整性、一致性、可测试等
提出者	即需求的原始提出者，有疑惑时便于追溯
提出时间	原始需求的获得时间，辅助信息
Bug编号	将一些Bug视为需求，统一管理

（3）需求的商业价值

任何产品的开发最终都是要满足一定的商业目的，所以“需求的商业价值”是最关键的内容。明确需求的商业价值往往通过“需求讨论会”来进行。一般在决策维度比较复杂的时候，可以用重要性、紧急度、持续时间三个指标来衡量，见表4-6。

表4-6　需求的商业价值

商业价值指标	说明
重要性	辅助确定商业价值
紧急度	辅助确定商业价值
持续时间	辅助确定商业价值
商业价值（综合评判）	商业优先级，不考虑实现难度，群体决策

重要性：可以参考时间管理中“重要与紧急”的概念。这里的重要性又可细分为满足后的“一般”到“非常高兴”；未实现时的“略感遗憾”到“非常懊恼”，更多可以学习KANO模型加深理解。

紧急度：在时间维度上判断这个需求是否迫切，紧急不重要的需求通常表现为解决短期的问题，但如果熬过去没做，对长期影响不大；或者解决局部的问题，但如果不做对于大多数用户没有影响。

持续时间：需求是有时限的，有的长有的短，比如迎合过年过节的运营活动需求，一般就比较短。

商业价值（或者叫商业优先级）：是对上述几种商业价值指标的综合评判。这是整个需求列表中最核心的部分，其判断直接影响着产品未来的方向。

商业价值评估可以在需求讨论会上由产品团队集体讨论，再加上有必要的干系人，比如销售、服务人员等。对于某个需求，需求提交人是对它最熟悉的，提交人先基于自己对商业目标的理解，进行一番陈述，并定个级别，比如高中低，然后大家讨论。不过在开始讨论会之前，每个人都应该做好功课。

综合上述维度可以通过加权平均得到一个需求的综合商业价值，用"高、中、低"，或者"5、4、3、2、1"来衡量。商业价值的衡量也可以由关键决策人来决定。

（4）初评需求的实现难度

需求实现难度可以简化为人力资源（即工作量）、其他资源的消耗（比如额外的硬件成本等）。在信息通信产品的开发中，人力资源通常包含产品、开发、测试、服务等四类人员。但一般情况下，团队里产品人员相对富裕，测试人员可以调配，服务人员可以临时补充，而开发人员经常成为瓶颈。于是，一般通过评估每个需求的开发工程师的工作量来表征其实现难度。

（5）计算性价比

在决定选择哪项需求进行开发的时候需要计算性价比。简单的性价比计算公式可表示为

$$性价比 = 商业价值 \div 实现难度（简化为开发量）$$

4. 需求筛选

需求筛选，是每位产品经理提出各自主张的产品需求，然后在产品会议上进行评议的过程。一般来说，产品经理需要制作自己的产品需求文档，即 BRD（商业需求文档）。

BRD（商业需求文档）

项目背景：我们在哪里？为什么要做这个项目，它能解决什么问题，可以列出一些数据说明项目的必要性。

商业价值：我们要去哪里？最关键的重点！老板们最感兴趣的是，做了这个项目以后有什么价值，一定要说在点子上。一般我们还会预测一下相关数字的变化，提出这个项目的商业目标。

功能需求描述：我们怎么去？通过做哪些事情来达到目标，把打好包的需求描述一下，可以用功能列表的形式表达，但最好能画出业务逻辑关系。当然我们也经常会做一些技巧性的东西，比如故意加入一些可以让老板砍掉的需求，希望老板砍完掉之后心有愧疚不好意思再砍我们真正想做的东西，这有点类似谈判技巧，大家可以试试，但不要在这上面太花心思。

非功能需求描述：提一下重要的非功能需求，如果有的话。

资源评估：第二个重点！老板们要看成本，他们在了解达成项目目标需要多大的花费以后，才能做出决策。

风险和对策：有的项目会有一些潜在风险，这个时候不妨抛给老板们看一下，并且给出自己的对策，说不定你觉得是很大的麻烦，在老板那里一句话就可以搞定。而且由于信息的不对称，我们无法了解某些功能是否会与公司将来的战略冲突，这时候提出来也是让老板们把一下关。

从 BRD 中的"商业价值"、"资源评估"两个重点中大家可能也发现了，其实本质上老板们也是在追求"性价比"。大家都希望用最少的资源获得最大的商业价值。

---

5. 需求的发展变化

客户的需求会随着时代变迁、技术发展不断地发生变化。比如当下美好数字生活成为人民群众的普遍需求，推动构建生态化产品体系、提高多样化多层次信息服务供给能力是运营商当前迫切需要解决的问题（见图4-12）。

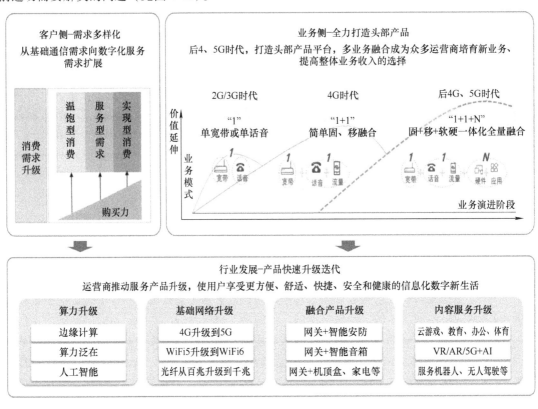

图4-12 客户需求驱动产品快速升级迭代

某企业从需求发起到项目验收的产品需求管理过程如图4-13所示。

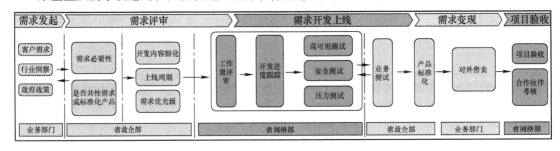

图4-13 某企业产品需求管理过程示意图

4.3.3　市场调研

市场调研的目的是明确我们在趋势产品开发的过程中会有什么样的外在阻碍，这些阻碍能不能克服还是应当放弃产品；有什么样的风险，值不值得冒险；有什么轻松的实现方案可以用来优化前面设想的方案；是否有可以进入的市场机会……

调研通常包含下面三个方面。

1）宏观环境研究，包括政策、经济、文化、技术。

2）行业趋势研究，包括行业概览、细分行业、行业趋势。

3）竞品格局研究，包括竞品的市场定位（细分市场、目标人群），竞品的差异优劣（产品和产品策略），竞品格局的未来趋势。

调研方法除了切身调研外，还可以阅读现有的行业报告、产品分析、信息披露和媒体报道等。

4.3.4　团队研究

开发产品前，需要科学评估团队能力，从而合理安排项目步骤。团队研究通常包含下面三个方面。

1）在建立项目前，团队评估的维度。依据评估结果安排项目节奏。

2）在能力的范围内，尽量争取资源，而不是接受资源现状。

3）根据 SWOT 模型来设计自己的产品策略。

在明确目标市场（用户研究）、市场需求（需求分析）、市场机会（市场调研）和内部能力（团队研究）之后，产品管理者可以明确哪里有市场需求、有何种需求以及可提供的解决方案是什么。在此之后产品管理的下一个重要环节是产品设计及开发。

4.4　信息通信产品设计及管理

产品设计是一个比较大的概念，体现在产品设计的多个层次上。产品战略层面上的设计，决定了"做不做"、"做什么"；狭义的产品设计层面上的设计，要决定"做多少"、"怎么做"；而产品实施层面上的设计，决定了"谁来做"、"何时做"。

4.4.1　产品设计的五个层次

产品设计的五个层次包括战略层、范围层、结构层、框架层和表现层。软件及网页开发有一张著名的产品设计层次图，它可以帮助我们在脑海里建立起产品设计过程的地图，如图 4-14 所示。

4.4.2　电信运营商产品设计的框架及模型

电信运营商的产品主要是各类资费产品，因此其产品设计往往遵循较为固定的框架及模型，如图 4-15 所示。

其中涉及的主要定价元素如下。

1）基于时长、流量的定价

流量：××元/MB，按使用量计费。

语音：××元/min，按时长计费。

2）套餐包

消费承诺。

根据使用量给予折扣或者包月（如不限量套餐）。

3）接入捆绑

针对语音 + 数据 + 宽带的套餐包的消费承诺。

4）特定套餐包

针对特定的应用降低资费（例如针对咪咕音乐和视频的定向流量包）。

针对特定的区域套餐，比如校园套餐。

5）定制终端（手机）

终端价格折扣。

较长时间的消费承诺合约。

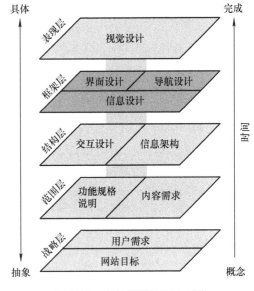

图 4-14　产品设计的五个层次

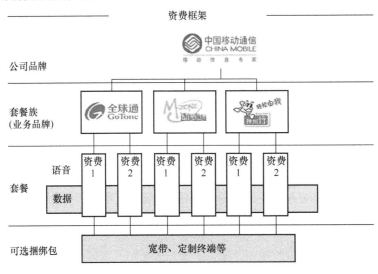

图 4-15　电信运营企业资费类产品设计框架

4.4.3　开发过程

产品开发过程需要重点考虑以最节省资源的方案来科学实现，保证时间、保证质量的完成产品。有些情况下可以把产品的设计纳入到产品开发过程中，在规定时间内，按照规划，设计和开发出产品。

1. 项目目标

和产品规划中定义的产品目标不同，产品目标是产品的期望，而项目目标是完成项目，项目可能是完成一个产品，也可能是完成产品的一个模块。一个产品规划确定后，会以此为基础建立数个项目，并分配任务，各个部门会按照项目流程去执行，项目的目标达成就实现了产品的各个过程点，过程点的输出结果集合成产品。开发过程本质是项目管理的过程。

设计项目目标的三个维度如下。

1）大的目标要有意识地进行拆分，拆分的目标要有整体的目标地图格局，分步实现，最后聚合成项目。

2）目标要具象化、可评估。可评估的才叫目标，解决一个具体的问题比解决一个模糊的问题简单得多，模糊的问题甚至无法解决。事实上绝大多数问题表象可能为模糊，但都是由一些具体的关键问题支撑起来的，并被很多无关紧要的问题遮盖和混合在一起。解决了这些具体关键问题，就能解决绝大多数的问题。

3）目标的实现总是受到资源匮乏和现实各种阻碍等问题的影响，需要一一克服。

2. 项目计划

项目计划是规划整个项目从开始到结束的发展过程，包括方案管理、人力管理、资源供给、时间规划、风险管理等方面。

（1）方案管理

方案指的是执行项目阶段任务，为保证阶段目标采用的系列措施。方案的产生途径包括产品经理自主思考、团队的头脑风暴、用户的建议、竞品的参考、上级的意见等。

对于方案管理，需要有方案池的概念。持续不断汇总方案；隔离目标，客观取舍方案；针对上级的方案意见，需要进行科学的分析，独立论证，同时采用合适的方式表述出来，同时归档管理。

（2）人力管理

产品经理对一款产品的结果负责，因此需要运营各种资源实现产品愿景，而不是只做狭义的产品工作。产品经理需要评估项目所需要的人力配置，并在缺乏的时候，向上级和外部争取这些人力资源。争取到必要的人力是关键，如果无法争取到，也需要预测到可能的结果并预估影响。

产品经理对产品人力资源需求负责。

在项目执行过程中，产品经理需要努力树立自己的威信。以目标为中心，协调各个部门之间的合作，尽量避免与其他部门因矛盾产生争斗。

（3）资源供给

产品经理需要评估并争取项目所需要的资金、团队奖励、外部支持等资源支持，要在正向趋势上争取资源、承担任务、争取收获和奖励。

（4）时间规划

规划自己的项目时间表，实现对项目时间维度的严格控制。时间规划一定要做到明确且可拆分，否则没有约束意义。

（5）风险管理

风险管理需要对未知风险进行预判，并进行必要的准备。

3. 过程管理

过程管理的核心目的是避免在项目执行过程中失控。合适的规划是过程管理的依据和前提，但不是规划完，项目就能按照既定规划走，而是需要不断动态调整。过程管理主要注意几个方面：结果导向、信息畅通、时间控制、品质控制、动态执行、节奏敏捷、大试验原理。

（1）结果导向

产品经理以结果为导向，对结果高度负责，因此必须多维度思考，充分运营各种资源协力实现结果。产品经理不能单一地只认为这是一份以产品规划、产品设计、项目管理等为主要工作内容的单维度执行工作，而要必须考虑项目开发流程与企业内各种资源和需求的对接。

（2）信息畅通

产品经理需要注意在研发团队中保持信息畅通。信息不畅通会给项目开发工作带来一系列问题，因此保持信息畅通具有如下意义。

1）团队成员能够对产品目标有共识，深刻理解产品的愿景和意义，有充分热情去工作。

2）团队成员能充分明白项目的方向和当下形势，这样能吸引团队成员自然参与进来，主动监控项目和提供力所能及的助力。

3）困难的问题，在一次次充分曝光后，会自动聚焦，被集中力量解决。

信息畅通与否不是单个人的问题，而是组织协作过程中有没有搭建沟通的路径，建议如下。

1）需要建立团队向上、向下和团队成员之间的沟通渠道，树立这个维度，并不断检查和维护渠道。

2）具体的方法可以参考《腾讯方法》一书中讲述的腾讯公司在团队沟通中的案例。

（3）时间控制

在时间控制方面，建议如下。

1）对项目时间有充分、具体、细分的规划。

2）对项目时间有控制的意识和失控的处理准备。

3）建立项目节点型的监控点，据此调整项目安排。

4）建立周、月项目日历型的监控会议，据此调整项目安排。

5）对项目的困难度和团队能力要有动态的了解和判断。

（4）品质控制

严格控制产品的品质，做到不随便轻易妥协（允许科学妥协）是一个产品经理的极其重要的能力，有时候只做好人做不成好事，面对各方面的压力，保持独立和严格的要求是对产品经理的考验。

对产品品质严格的前提是产品的各个环节的输入输出做到标准化和规范化约定。一个环节的不规范会影响整个产品，导致不规范，为品质失控埋下伏笔。此外，控制品质还需要资源的充分提供和支持。最后，对品质的严格控制和科学妥协需要区分开。

（5）动态执行

动态执行是信息通信产品开发过程中的常见做法，具体包括如下。

1）产品分析，充分论证，理论上可行。

2）预研，小团队快速建立 demo，验证需求真伪。

3）灰度发布，科学分析，平滑过渡。

4）灵活上线，合适的运营和宣传。

5）迭代优化，通过数据分析和用户反馈，快速修改和优化。

在产品运营管理的整个过程中，需求管理、设计管理、产品管理、服务管理、用户管理都是动态发展的，需要持续稳定地投入和输出。在最开始的阶段，不一定拥有这些，但是需要为这种持续性预留空间，伴随其诞生、发展和长大。

（6）节奏敏捷

保持敏捷执行的节奏带来的不只是高效，还有整个团队状态和项目氛围的积极正向影响。成功的开发是敏捷且不断向上的。

（7）大试验原理

我们在产品实践过程中，力图梳理出能科学规划和生产产品的方法理论，以便让这个过程不是随机的，而是趋向必然的。

中国联通借鉴项目管理知识体系指南（PMBOK）等国际通用项目管理理论，统筹考虑北京冬奥组委项目管理要求与公司主业流程，统筹防控和冬奥筹办，横向打破地域和专业限制，纵向穿透层级和归属限制，"一体化"谋划组织架构、顶层设计、需求管理、运营体系、支撑平台的运作模式，贯穿项目计划、过程、风险、资源、相关方等十大领域，搭建起中国联通"一体化"的大型国际项目管理体系，如图 4-16 所示。

图 4-16　"一体化"大型国际项目管理体系

4.5　本章总结

信息通信业务是信息通信企业利用信息通信系统传递符号、信号、文字、图像、声音或影像等信息，为消费者提供各类通信服务项目的总称，是消费者的"功能体验"。信息通信产品（电信产品）由核心产品、形式产品和附加产品三个层次构成，是以市场为核心、是为满足用户需求而对信息通信业务进行包装后的产物，包括业务功能和相关服务的包装。其中，业务是产品的基础，产品是业务的具体应用。产品管理是将企业的某一部分产品（包含有形产品、无形产品和服务）或产品线视为一个虚拟公司所开展的管理活动，而信息通信产品管理的主要内容，包括产品战略管理、产品目录管理、产品生命周期管理和产品绩效管理四个部分，且最核心的内容是产品生命周期管理。在信息通信产品规划及管理中，可运用用户画像方法、需求采集法、SWOT 模型等实现用户研究、需求分析、市场调研、团队研究四个方面的内容。信息通信产品设计的五大层次分别为战略层、范围层、结构层、框架层和表现层。开发过程本质是项目管理的过程，因此产品的开发过程应包括从三个维度设计项目目标；从方案管理、人力管理、资源供给等方面制定项目计划；以及在过程管理中重视结果导向、渠道畅通、动态执行、大试验原理等方面。

1. 课后思考

1）信息通信产品和业务的异同是什么？

2）产品管理的主要职能有哪些？信息通信产品管理的核心职能有哪些？

3）产品生命周期管理的主要内容有哪些？

4）需求分析的方法、步骤是什么？

5）产品设计的五个层次是什么？

2. 案例分析

随着数字经济的快速发展，企业可以实现更高效、更便捷、更智能的管理方式，从而提升其竞争力和运营效率。在此背景下，某通信公司立足当下，构建立体化产品作战管理新体系，以求长远发展。

围绕"连接 + 算力 + 能力"，依托运营商算网一体的竞争优势，将复杂的算力量纲以产品的性能和服务体现新价值。通过算力产品组合，实现云终端在大、中、小屏的全面覆盖，把通信和计算基础设施变成用户可实实在在感知的产品；加强个人云、家庭云等算力产品的营销能力，一站式满足居家办公、家庭娱乐等全场景算力需求。产品创新设计如图 4-17 所示。

围绕"连接 + 终端 + 应用"，该公司正式推出"算力领航"品牌，构建全新的算力产品体系，发布 17 项全新算力系列产品，旨在为用户提供极致生活体验，为各行业打造数字能力新基石（见图 4-18）。

思考：

1）数字经济快速发展背景下，如何进行产品设计？

2）结合我国企业数字化转型推进现状，谈谈企业在此进程上的重点与难点？

3. 思政点评

（1）立足当下，放眼未来

数字化转型在提高企业经营效率，提升企业产品竞争力方面意义非凡；我国企业正在积极发展技术，降本增效，打造自己的数字化品牌，以适应全球市场中更多未知的挑战。

（2）笃志创新，砥砺前行

创新也是生产力。数字化转型可以促进企业创新发展，推动新技术、新业务和新模式的应用，为产品创新、管理模式创新、商业模式创新赋能，为企业的长期发展打下坚实的基础。

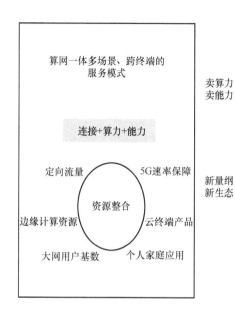

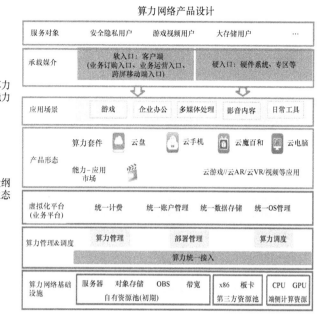

图　4-17

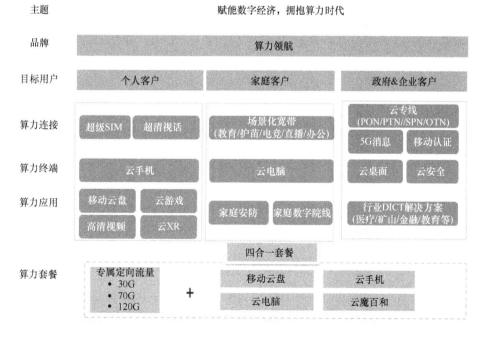

图　4-18

第5章

信息通信客户关系管理

行业动态

- 2022 年 6 月 20 日，中兴通讯云网生态峰会隆重召开。峰会上，中兴通讯公司正式发布融合密钥管理系统，助力云网安全！在国家陆续颁布《网络安全法》《数据安全法》《密码法》等多部法规的背景下，为了应对多种复杂密码应用场景，保障各类保密等级数据加密的需求，中兴通讯量子与经典融合的密钥管理系统应运而生。

- 2022 年 7 月 22 日，为提升商家和用户的体验，中国移动 5G 消息官方推出了"5G 消息微信一键迁移"新功能。该功能可以让商家在自己的微信公众号获取授权，将 5G 消息平台绑定微信公众号，然后就能直接导入微信上已经推送过的文章，包括封面图、标题、文章、图片等各种内容都可以直接迁移复原。

本章主要目标

在阅读完本章之后，你将能够回答以下问题：

1）关于客户关系管理的概念——什么是客户？客户生命周期是什么？客户价值怎么理解？什么是客户关系管理？其主要内容是什么？

2）关于信息通信市场及细分——什么是市场细分？市场细分有哪些环节和方法？

3）信息通信目标市场定位与选择——什么是目标市场定位？信息通信目标市场选择的方法和策略有哪些？

4）关于信息通信客户价值沟通——客户价值定位的方法是什么？客户价值沟通的方法有哪些？

5）关于信息通信客户生命周期管理——信息通信客户生命周期管理的主要内容是什么？

信息通信客户关系管理与市场、产品管理都是通过基于业务流程的全面管理来实现的，在TMF 的业务流程框架之下，信息通信市场、产品与客户关系管理是信息通信服务商与客户最直接相关的前沿。为了向客户提供更好的信息通信服务，客户关系管理是信息通信服务提供商的业务管理过程中至关重要的一环。

普遍意义上的客户关系管理的理论、原则与方法同样适用于信息通信行业，因此本章将首先简单介绍客户关系管理的相关概念和内涵，然后具体介绍信息通信市场细分、目标市场选择、客户价值沟通、客户需求管理、客户全生命周期管理等内容。

5.1　客户关系管理的相关概念及内涵

5.1.1　客户的概念

1. 客户

在国外的论著中，Customer 和 Client 都可以指代客户，但又有不同的含义。客户（Customer）只是"一张没有名字的脸"，而客户（Client）的资料却详尽地保存在企业的信息库之中。在客户管理时代，一个非常重要的管理理念就是要将客户（Customer）视为客户（Client），而不再是"一张没有名字的脸"。在现代营销管理的观念中，两者也是有区别的，客户（Customer）可以由任何人或机构来提供服务，而客户（Client）则主要由专门的人员来提供服务。也就是说，客户（Client）是针对特定的某一类人或者某一个细分市场而言的，客户（Client）是从客户（Customer）中提升而来的。

目前，客户管理中客户的内涵已经扩大化，在关系营销中甚至将企业内部上流程与下流程的工作人员都称为客户。因此可以这样定义：客户是接受企业产品或服务，并由企业掌握其有关信息资料，主要由专门的人员为其提供服务的组织或个人。

在信息通信领域，关于客户我们还经常用到最终用户（End User）、签约用户（Subscriber）、增量市场和存量市场这样的概念，TMF 对这些概念所下的定义是：

最终用户：是指实际使用企业所提供的产品或服务的用户，最终用户消费产品或服务。

签约用户：是指签有服务合约并为这些服务付账的用户。

增量市场：主要通过营销和销售获取新客户，体现为市场份额的增加。

存量市场：主要围绕现有客户展开维护工作，以提升客户满意度为目标，以提升客户客单价为成果。

2. 客户生命周期

客户生命周期是指从一个客户开始对企业进行了解，或者企业欲对某一客户进行开发开始，直到客户与企业的业务关系完全终止，且与之相关的事宜完全处理完毕的这段时间。客户生命周期可分为潜在客户期、客户开发期、客户成长期、客户成熟期、客户衰退期和客户终止期共 6 个阶段。在客户生命周期的不同阶段，企业的投入与客户对企业收益的贡献是大不相同的。

（1）潜在客户期

当客户想要对企业的业务进行了解，或者企业欲对某一区域的客户进行开发时，企业与客户开始交流并建立联系，此时客户进入潜在客户期。

（2）客户开发期

当企业对潜在客户进行了解后，在对已选择的目标客户进行开发时，便进入了客户开发期。此时企业要进行大量投入，但客户对企业收益的贡献很小甚至没有。

（3）客户成长期

当企业对目标客户开发成功后，客户已经与企业发生业务往来，而且业务在逐步扩大，此时进入客户成长期。企业的投入和开发期相比要小得多，主要是发展投入，目的是进一步融洽与客户的关系，提高客户的满意度、忠诚度，进一步扩大交易量。

（4）客户成熟期

当客户与企业相关联的全部业务或大部分业务均发生交易时，说明此时客户已进入成熟期。此时企业的投入较少，客户对企业收益的贡献较大，企业处于较高的盈利时期。

（5）客户衰退期

当客户与企业的业务交易量逐渐下降或急剧下降，而客户自身的总业务量并未下降时，说明客户已进入衰退期。此时，企业有两种选择，一种是加大对客户的投入，重新恢复与客户的关系，确保忠诚度；另一种做法是不再做过多的投入，渐渐放弃这些客户。

（6）客户终止期

当企业的客户不再与企业发生业务关系，且企业与客户之间的债权债务关系已经理清时，意味着客户生命周期的完全终止。此时企业有少许成本支出而无收益。

客户的整个生命周期受到各种因素的影响，面对激烈的市场竞争，企业要掌握客户生命周期的不同特点，提供相应的个性化服务，进行不同的战略投入，使企业的成本尽可能低，盈利尽可能高，从而增强企业竞争力。

3. 客户价值

客户价值是客户细分管理的基本依据，通过客户价值分析，能使企业真正理解客户价值的内涵，从而针对不同的客户进行有效的客户关系管理，使企业和客户真正实现双赢。

客户价值这一概念具有双向性：一方面，客户价值指企业给客户创造或提供的价值（"企业－客户"价值），也称客户价值或客户让渡价值；另一方面，是指客户为企业带来的价值（"客户－企业"价值），也称关系价值或客户终生价值。菲利普·科特勒认为，客户价值来源于客户让渡价值，即

客户让渡价值（CDV）＝客户获取的总价值（利益）（TCV）－其所花费的总成本（TCC）

客户价值如图 5-1 所示。

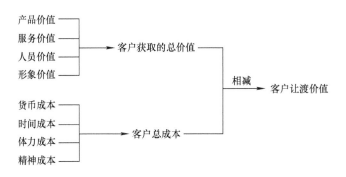

图 5-1　客户价值示意图

5.1.2　客户关系的概念

1. 客户关系的内涵

客户关系是指企业为达到其经营目标，主动与客户建立起的某种联系。客户关系不仅仅可以为交易提供方便、节约交易成本，也可以为企业深入理解客户的需求和双方交流信息提供机会。客户关系具有多样性、差异性、持续性、竞争性、双赢性的特征。企业与客户关系状况可以从以下几个方面进行理解。

（1）客户关系长度

即企业维持与客户关系的时间长短。通常以客户关系生命周期来表示，分为考察期、形成期、稳定期、衰退期。

（2）客户关系深度

即企业与客户双方关系的质量。衡量客户关系深度的指标通常是重复购买收入、交叉销售收入、增量销售收入、客户口碑与推荐等。

（3）客户关系广度

即拥有客户关系的数量，既包括获取新客户的数量，又包括保留老客户的数量，还包括重新获得已流失的客户数量。拥有相当数量的客户是企业生存与发展的基础，因此需要不断挖掘潜在客户、赢取新客户，同时尽量减少客户的流失。

企业要想取得长期的竞争优势就要维系良好的客户关系，而这种与客户持续的良好关系也逐渐成为企业的核心竞争力。企业在加强客户关系的同时，不仅要关注关系的物质因素，更要考虑到关系的另一个特点，即客户的感觉等其他非物质的情感因素，从而达到创造新客户、维持老客户、提高客户满意度与忠诚度，进而提升客户价值和企业利润的目的。

2. 影响客户关系的因素

面临不断变化的环境，客户的需求也在发生变化，很多因素影响着客户及其行为，进而影响客户与企业之间的关系，改变客户对企业的价值。

（1）客户自身因素

客户自身因素包括生理、心理两个方面的因素。客户生理、心理状态，尤其是心理因素对其购买行为有很大影响。客户的个性心理分为个性倾向性（需要、动机、爱好、理想信念、价值观等）和个性心理特征（能力、气质、性格等）。其中，需要和动机在客户自身因素中占有特别重要的地位，与客户行为有直接而紧密的关系，任何客户的购买行为都是有目的或有目标的。需要是购买行为的最初原动力，而动机则是直接驱动力。需要能否转化成购买动机并最终促成购买行为，有赖于企业采取措施加以诱导、强化。

（2）外部影响因素

外部影响因素包括社会环境因素和自然环境因素。社会环境因素如经济、政治、法律、文化、科技、宗教、社会群体、社会阶层等，自然环境因素如地理、气候、资源、生态环境等，都会对客户关系产生重要的影响。

（3）竞争性因素

竞争性因素包括产品、价格、销售渠道、促销、公共关系、政府关系等。竞争对手的价格策略、渠道策略、促销活动、公共关系、政府关系等，都直接影响着客户的购买行为。

（4）客户的购买体验

客户决策过程分为认识需要、收集信息、评价选择、决定购买、购后感受等阶段。购买决策内容包括客户的产品选择、品牌选择、经销商选择、时机选择、数量选择。产品竞争激烈的时候，决定获得或者维持客户的因素已经不再是产品本身，而是客户的购买体验。

总之，影响客户行为的因素是全面的、动态的，各种因素是共同作用的，所以企业必须及时掌握客户动态，有针对性地采取措施来管理客户关系。

3. 客户关系类型

根据不同企业营销战略的差异，以及客户对企业的满意度和忠诚度的不同，一般可以将企业与客户的关系分为五种不同的类型。

（1）基本关系

这种关系是指产品销售人员只是简单地销售产品或服务，在销售后不再与客户接触。

（2）被动式关系

产品销售人员在销售产品或服务的同时，还积极鼓励客户在购买后或使用产品时，如果发现产品有问题及时向企业反映。

（3）负责式关系

产品销售人员在产品或服务售后不久，就应通过各种方式了解产品是否能达到客户的预期要求，收集客户有关改进产品的建议，以及对产品的特殊要求，并把得到的信息及时反馈给企业，以便不断地改进产品或服务。

（4）主动式关系

产品销售人员经常与客户沟通，不时打电话与客户联系，向他们询问改进产品使用的建议，提供有关新产品的信息，促进新产品的销售。

（5）伙伴式关系

产品销售人员与客户持续地合作，使客户能更有效地使用其资金，或帮助客户更好地使用产品，或按照客户的要求来设计新产品。

在实践中，企业因产品/服务和市场的不同，可以建立不同的营销关系。一般来讲，如果企业的产品/服务有众多的客户，且单位产品的边际利润很低，则宜采用最基本的关系，以节省营销成本。如经营日常用品的企业一般都采用最基本的关系，企业所要做的只是建立售后服务部，搞好产品的售后服务工作，对客户在使用产品中提出的问题进行解答并帮助解决。另一方面，如果企业的客户很少，且边际利润很高，则宜采用伙伴式的营销关系。例如客户是大型生产企业或经营特殊产品，则要与客户加强联系，按照客户的需要进行产品的研发和生产，以保证能满足客户的要求，从而建立长期的合作关系，如通信设备商与通信运营之间的关系。

基本关系和伙伴式关系是公司营销关系的两个极端，销售人员可以根据客户数量的不同、产品边际利润的不同，采用不同水平的关系营销。表5-1反映了企业与客户的9种不同的营销关系，各企业应根据自身的实际情况，选择建立不同的关系。

表 5-1　不同水平的营销关系

边际利润 客户数量	高	中	低
多	负责式关系	被动式关系	基本、被动式关系
一般	主动式关系	负责式关系	被动式关系
少	伙伴式关系	主动式关系	负责式关系

5.1.3　客户关系管理的概念

1. 客户关系管理的定义

由于不同研究者和使用者的出发点和观念不同，客户关系管理的定义也有所不同，目前在学术界和企业界都还没有一个统一的定义。关于客户关系管理的定义，不同的研究机构或企业及个人有着不同的表述。

本书认为客户关系管理是指经营者在现代信息技术的基础上收集和分析客户信息，把握客户需求特征和行为偏好，有针对性地为客户提供产品或服务，发展和管理与客户之间的关系，从而培养客户的长期忠诚度，以实现客户价值最大化和企业收益最大化之间的平衡的一种企业经营战略。

客户关系管理使企业以客户关系为出发点，通过开展系统化的客户研究、优化企业组织体系和业务流程，提高客户满意度和忠诚度，提高企业效率和利润水平，在实施客户关系管理的过程中不断改进与客户关系相关的全部业务流程，最终实现企业运营过程的电子化、自动化、最大化之间的平衡。

客户关系管理的作用主要体现在以下几个方面。

首先，良好的客户关系管理可以使企业获得成本优势。客户管理系统能够对各种销售活动进行跟踪，并对跟踪结果进行评判，从而增加销售额和客户满意度，降低销售和服务成本，缩短销售周期，增加企业市场利润。

其次，通过客户资源管理，可以对客户信息进行全面整合，实现信息充分共享，保证为客户提供更为快捷与周到的服务，从而优化企业的业务流程，提高客户的满意度和忠诚度，进而提高客户保持率。

最后，客户关系管理可以提高企业的收益水平。客户关系管理赋予了企业提高经营水平的三种能力，即客户价值能力、客户交往能力和客户洞察能力，客户关系管理为企业带来的收益主要是通过这三种能力来实现的。

总之，客户关系管理有利于企业营销合理化和实现客户与企业的良好沟通，使企业规避市场风险，提高竞争力。

2. 客户关系管理的原则

客户关系管理有以下四项原则。

1）客户关系管理是一个动态的过程。因为客户的情况是不断变化的，所以客户的资料也要不断加以更新。

2）客户关系管理要突出重点。对于重点客户或大客户要予以优先考虑，配置足够的资源，不断加强已建立的良好关系。

3）灵活有效地运用客户资料。对于数据库中的客户资料要善加利用，在留住老客户的基础上，不断开发新客户。

4）客户关系管理最好的办法是专人负责，以便随时掌握客户的最新情况。

客户是一个企业的利润中心，管好了客户就是管好了钱袋子。客户关系管理的核心是制度化、日常化、规范化和专人负责。只有这样才能将客户关系管理落实到实际工作中去，也才能真正管好客户。

3. 客户关系管理的内容

客户关系管理的内容包括以下几方面。

首先是建立客户关系，即对客户的识别、选择、开发（将目标客户和潜在客户开发为现实客户）。

其次是维护客户关系，包括对客户信息的掌握，对客户的细分，对客户进行满意度分析，并想办法培养客户忠诚度，提高客户体验，解决客户投诉，并为客户提供服务。

客户关系管理的主要内容如图 5-2 所示。

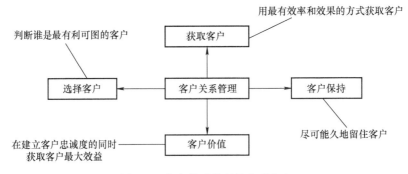

图 5-2　客户关系管理的主要内容

4. 客户关系管理的流程

客户关系管理首先应当对客户进行识别和选择，以支持企业在合适的时间和合适的场合，通过合适的方式，将价格合适的产品和服务提供给合适的客户。客户关系管理的基本流程如下。

（1）客户信息资料的收集

客户信息资料的收集主要是指收集、整理相关资料，分析谁是企业的客户、客户的基本类型及需求特征和购买愿望，并在此基础上分析客户差异对企业利润的影响等问题。

（2）客户信息分析

客户信息分析不能仅仅停留在对客户信息数据的分析上，更重要的是要对客户的态度、能力、信用、社会关系进行评价。

（3）客户信息交流与反馈管理

客户管理过程就是与客户交流信息的过程，实现有效的信息交流是建立和保持企业与客户良好关系的途径。客户反馈可以衡量企业承诺目标实现的程度,在及时发现客户服务过程中的问题等方面具有重要作用。

(4) 客户服务管理

客户服务管理的主要内容有:服务项目的快速录入;服务项目的安排、调度和重新分配;客户的分类分级管理;搜索和跟踪与业务相关的事件;生成事件报告;服务协议和合同;订单管理和跟踪;建立客户问题及其解决方法的数据库。

(5) 客户时间管理

客户时间管理的主要内容有:进行客户管理日程安排,设计程序使系统在客户与活动计划冲突时可以即时提示;进行客户时间和团队时间安排;查看团队中其他人员的安排,以免发生冲突;把时间安排通知相关人员;任务表、预算表、预告与提示、记事本、电子邮件、传真的配送发送安排等。

5.1.4　新技术应用下的新型客户感知能力

随着人工智能、云计算以及大数据等新技术的进一步发展,不同产业与新技术的融合逐渐成为创新的方向。在提升客户的价值方面,出现了以客户中心,基于大数据 + AI 技术的"数字孪生 + 全息标签 + ALL – Life 模型 + 批流一体"的新型客户感知能力,可以全面实时分析洞察客户感知,先于客户发现问题,千人千面的开展差异化服务,提升客户感知。

1. 基于 BMO,构建基于客户感知的数字孪生体

依托 BMO 域拉通数据,向时空升维,构建用户位置轨迹、内容轨迹、时间轨迹等实时感知与洞察的数字孪生自研技术,为在线感知客户提供数字化基础。

1) 深度解析用户信令、DPI 行为数据,融合关联分析,实时构建用户位置、内容、时间、渠道等轨迹,通过月、日、实时标签实现用户物理世界在数字世界的孪生。

2) 构建位置轨迹模型,洞察用户驻留时长、常驻地、上班开始/结束时间、通勤时长/路段、出行方式等。构建内容轨迹模型,研发忙闲时算法,根据用户 APP 使用的离散程度,实现对用户分时段的行为分析打标,刻画每个用户最佳服务时刻(见图 5-3)。

3) 研发流量抑制算法,深入洞察用户是否抑制,洞察流量抑制临界天、流量抑制临界流量、流量抑制临界饱和度、流量抑制系数等关键信息。

4) 构建渠道轨迹模型,精准评估用户的各渠道接受度、反感度,研发触点最优协同算法,通过 AI 自动输出用户最佳派单触点以及二次营销协同触点。

2. 统一 One – ID,打造"人 + 物 + 时间"的全息标签体系

全面构建面向"人"和"物"的画像,为用户提供千人千面的差异化服务。

1) 在面向"人"的标签建设上,以手机号码为 One – ID,基于 BMO 域拉通数据及宽表信息,聚焦 5G 换机、升套、登网、流量激发等应用场景开展用户标签画像进行标签刻画,包括用户基础信息、终端信息、通信行为、上网行为、用户生活轨迹、上网感知、套餐升档、流量行为、5G 登网等共计 502 个标签。

2) 在面向"物"的标签建设上,围绕基站、网格、产品、终端、APP 应用等五类物体对象进行标签刻画,包括基站的基础信息、业务信息、用户信息、性能信息,网格的基础信息、空间

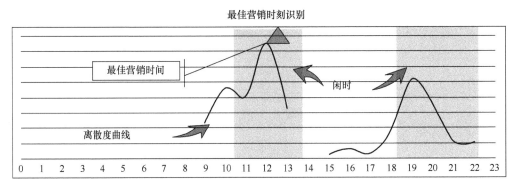

① 计算各闲时阶段的流量离散度(图中10点-13点和18点-21点)
② 选取离散度最大的闲时作为最佳营销时刻(12点)　单位时间流量离散度=Zscore(APP个数/平均APP流量)

图 5-3　最佳营销服务时刻识别

信息、资源信息、营销信息,产品的结构、订购、退订、流量、语音使用信息,终端的基础属性、5G 属性、终端分布,APP 应用类标签画像信息等共计 486 个标签。

3)为进一步满足实时营销场景需要,在日、月标签画像基础上,进一步向实时标签升级,捕捉用户 5G 业务实时动态。通过实时解析处理用户 DPI、信令等数据,围绕"5G 机套网用"全流程,开发用户终端、套餐、开关、版本号、卡槽状态、是否主用、登网、是否卡顿等 27 个实时标签。全息标签体系见图5-4。

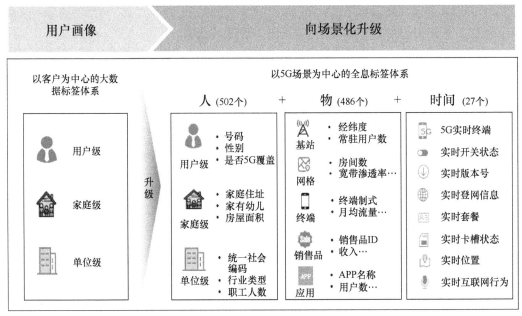

图 5-4　全息标签体系

3. 模型 All – Life,从客户需求出发构建 AI 客户全生命周期模型

积极引入人工智能技术,为业务发展注入新的动能,树立"无模型不营销"理念,通过挖

掘高质量的数据来赋能企业高质量发展，探索出一条数字化服务的新路径。

1）在客户需求挖掘方面，围绕客户全生命周期，利用机器学习技术，聚焦客户入网期、成长期、成熟期以及衰退期，累计开发大数据模型 60 余个，提前识别客户信息与通信需求，按需输出套餐升级、流量包加转、全屋智能产品等精准的目标客户清单，同时利用强化学习、图神经网络等 AI 技术对各类活动灵活编排，分类施策，在最佳时间开展主动服务，在满足客户需求的同时，避免了对客户的过度打扰。

2）在客户服务感知方面，通过 RPA、NLP 等 AI 技术，在线分析客户海量互联网行为，挖掘客户的网络、资费等感知信息，能够做到先于客户发现问题，满足客户对信息新生活的美好向往，持续通过精准营销满足客户需求。

5.2　信息通信市场及细分

5.2.1　信息通信市场细分的含义及意义

1897 年意大利经济学家帕累托提出了二八法则，这一法则在经济和社会生活中得到了广泛的应用。对于企业而言，企业利润的 80% 来自约 20% 的重要客户，而其余 80% 的客户对企业来说是微利的甚至是无利可图的。

总体的信息通信市场通常很大，不同客户具有不同的价值诉求，以至于电信运营商或互联网服务提供商很难面面俱到地为所有客户提供服务，也不能向客户提供同样类型的服务。所以区分不同的客户，针对不同的客户采取不同的营销策略，或选择企业服务能力范围内的目标市场为之服务是十分必要的。

信息通信市场细分是依据信息通信产品和市场特有的运作规律，按照客户市场需求、购买动机、购买行为和购买能力方面的差异，运用系统的方法将整个信息通信市场划分为若干个不同的消费者群，然后选择合适的子市场作为企业服务目标市场的过程。

市场细分有利于企业发现最好的市场机会，提高市场占有率。企业可以通过市场营销研究和细分市场，了解不同购买者群体的需求情况和满足情况，寻找满足程度较低的子市场，发现最好的市场机会。信息通信市场细分是实现市场战略目标的重要手段，为相关营销活动实现目标提供有力的支撑，其主要作用表现为以下几个方面。

1）争取新客户。根据对现有客户的分析，识别潜在客户，提高市场的反应速度，优化销售渠道结构，根据不同客户群的需求特征为其提供差异化产品。

2）减少客户流失率。通过市场细分，了解流失率较高的客户群特征，特别是获利较多客户的个性特征，通过市场细分监控具有类似个性特征的客户发展动态，提高对客户流失率的预测的准确率，提前做好客户流失预警措施。

3）增加 ARPU 值。通过更准确的价格细分、更精准的营销信息传递、更好的渠道策略和产品捆绑服务及打包服务，市场细分能扩大客户群、提升客户群的价值。

4）优化服务。监控每个细分市场的业务使用和获利情况，建立不同的销售渠道来满足不同需求的市场，根据客户需求定制个性化服务产品，及时洞悉客户的业务或者产品的使用情况，提高客户的满意度。

5）制定精准的市场营销策略。通过熟悉各个细分市场消费特征，为各个细分市场定制专门的价格、渠道、促销和产品。

5.2.2 信息通信市场的细分标准

信息通信市场之所以可以细分，是由于在不同产品上客户的需求存在差异性。从理论上讲，所有可能导致需求差异的内在因素，以及体现需求差异的外在因素，都可以成为细分的标准。营销理论把这些标准归并为四个大类，概括为地理因素、人口统计因素、心理因素和行为因素四个方面，每个方面又包括一系列的细分变量，见表5-2。

表5-2 信息通信市场细分标准及变量一览表

细分标准	细分变量
地理因素	地理位置、城镇大小、地形、地貌、气候、交通状况、人口密集度等
人口统计因素	年龄、性别、职业、收入、民族、宗教、教育、家庭人口、家庭生命周期等
心理因素	生活方式、性格、购买动机、态度等
行为因素	购买时间、购买数量、购买频率、购买习惯，对服务、价格、渠道、广告的敏感程度等

（1）按地理因素细分

按地理因素细分，就是按客户所在的地理位置、地理环境等变数来细分市场。因为处在不同地理环境下的客户，对于同一类产品往往会有不同的需要与偏好。

（2）按人口统计因素细分

按人口统计因素细分，就是按年龄、性别、职业、收入、家庭人口、家庭生命周期、民族、宗教等变数，将市场细分为不同的群体。

由于人口变量比其他变数更容易测量，且适用范围比较广，因而人口变数一直是细分客户市场的重要依据。

（3）按心理因素细分

按心理因素细分，就是将消费者按其生活方式、性格、购买动机、态度等变数细分成不同的群体。客户的心理特征决定了客户如何支配其时间和金钱，企业可以通过营销手段对客户的心理和生活方式进行引导。

（4）按行为因素细分

按行为因素细分，就是按照客户购买或使用某种信息通信产品的种类、使用频率、使用场合、使用时间、品牌忠诚度、使用量以及客户购买产品的决策过程等因素来细分市场。行为因素是体现需求差异的外在表现因素。

5.2.3 信息通信市场的细分原则

企业进行市场细分的目的是通过对客户需求差异予以定位，来取得较大的经济效益。众所周知，产品的差异化必然导致生产成本和推销费用的相应增长，所以，企业必须在市场细分所得收益与市场细分所增成本之间进行权衡。由此，我们得出有效的细分市场必须具备以下特征。

（1）可盈利性

可盈利性是指细分市场的规模要大到能够使企业足够获利的程度，并使企业值得为它设计一套营销规划方案，以便顺利地实现其营销目标，并且有可拓展的潜力，以保证按计划能获得理想的经济效益和社会服务效益。

（2）可衡量性

可衡量性是指用来细分市场的标准和变数，以及细分后的市场是可以识别和衡量的，即有明显的区别，有合理的范围。如果某些细分变数或购买者的需求和特点很难衡量，细分市场后无法界定，难以描述，那么细分市场就失去了意义。一般来说，一些带有客观性的变数，如年龄、性别、收入、地理位置、消费行为等都易于确定，并且有关的信息和统计数据也比较容易获得；而一些带有主观性的变数，如心理和性格方面的变数，就比较难以确定。

（3）可进入性

可进入性是指企业能够进入所选定的市场部分，能进行有效的促销和分销，实际上就是考虑营销活动的可行性。一是企业能够通过一定的广告媒体把产品的信息传递到该市场上众多的客户中去，二是产品能通过一定的销售渠道抵达该市场。

（4）差异性

差异性是指细分市场在观念上能被区别，并对不同的营销组合因素和方案有不同的反应。

（5）相对稳定性

相对稳定性是指细分后的市场有相对应的时间稳定。细分后的市场能否在一定时间内保持相对稳定，直接关系到产品运营和营销的稳定性。特别是信息通信企业中投资周期长、转产慢的产品，更容易造成经营困难，可能严重影响企业的经营效益。

5.2.4 信息通信市场的细分方法

按照市场细分选择的变量和维度，一般有以下几类方法。

（1）单一因素法

单一因素法根据市场营销调研结果，把影响客户需求的最主要的因素作为细分变量，从而达到细分市场的目的。这种细分法以企业的经营实践、行业经验和对组织（客户）的了解为基础，在宏观变量或微观变量间，找到一种能有效区分客户，并使企业的营销组合产生有效对应的变量而进行的细分。如网络游戏按照客户使用程度进行细分，将客户分成重度玩家和轻度玩家，并针对不同类型的客户设置相应增值服务和产品。

（2）综合因素法

按照影响客户需求的两种以上因素来细分市场。如采用市场轮廓细分法对流动人口的公用电话（公话）市场进行细分，首先，以生活方式维度为切入点对市场进行细分，根据客户的移动频率和移动跨度的组合，将公话市场细分为四个不同的市场：候鸟型移动人群市场、穿梭型移动人群市场、乡村常住人群市场和城市型移动人群市场。然后，从地理与人口特征维度进行分析，研究各类人群的职业、收入上的差异。最后，分析各类人群对公话业务的需求特征，得到市场细分结果。

（3）系列因素法

按照影响客户需求的诸多因素，由粗到细进行系列分割。如动态市场细分方法就是从时间变化的角度把握细分结构的变化。在市场发展初期，使用一些传统的细分变量和方法，使主要客户群轮廓清晰化；当市场进入成熟期，市场细分以客户的需求为依据，分析电信客户的消费心理、行为和价值，采用科学的统计分析方法进行深度细分。

（4）产品－市场方格法

从生产者和消费者两个角度进行交叉细分，使用"客户需求"（以不同的产品展示）和"客户群"两个要素来细分市场。这种方法突破了传统的市场细分和市场定位，仅从客户需求出发，将企业自身状况甚至竞争对手状态的分析纳入细分维度，适用于企业战略层面的细分。如沃达丰公司从客户需求、企业能力、竞争对手三个维度进行战略细分。第一，明确商业客户关注的是服务的质量；第二，明确企业自身的核心竞争力在于强大的网络资源和品牌效应；第三，分析市场竞争者将客户争夺的重心多数放在中低端客户上。因此，明确其市场定位策略是服务于高端客户，不打价格战，而打"服务战"、"品牌战"。虽然从客户数上统计，沃达丰公司在英国市场并没有居于首位，但在业务收入上却独占鳌头，充分体现了该企业以最终盈利为目的经营理念。

5.3 信息通信目标市场选择及定位

目标市场就是企业营销活动所要满足的市场需求，是企业决定要进入的市场。

信息通信企业选择目标市场是在市场细分的基础上进行的，企业的一切营销活动都是围绕目标市场进行的。企业的目标市场选择就是在需求异质性市场上，根据自身的目标和资源条件对现有和潜在的客户群体需求的选择。选择和确定目标市场，明确企业的具体服务对象，关系到企业任务、目标的落实，更是企业制定营销战略的首要内容和基本出发点。因此，为了更好地发挥企业的优势，更好地满足客户的需求，增强企业的竞争能力，必须进行目标市场的选择。

5.3.1 目标市场选择的影响因素

企业应针对自身的具体情况，选择适合本企业的目标市场。影响目标市场选择的因素较多，通常包括以下几方面。

（1）企业自身的目标

目标市场必须与企业的战略目标相一致，企业的战略目标在企业中以"一只无形的手"使企业内各个岗位的员工同心协力。有些细分市场虽然规模适合，增长潜力也很大，但如果与企业自身的战略目标不符合，即使通过调整也不能一致，那么就应该考虑放弃。反之，则要尽一切努力，即使遇到挫折或失败，也要争取这些细分市场。

（2）企业拥有的资源优势

企业自身的资源优势是体现在细分市场上所能提供的产品或服务有与众不同的特点。企业自身的资源优势主要包括有形的资产和无形的资产两种，如果企业的现有资源不能使得企业在所选择的目标市场上提供有别于其他竞争对手的产品或服务，则选择该目标市场对企业无益。

（3）市场规模

市场规模即市场中企业拥有的潜在客户数量。企业进入某一个细分市场是希望能够在这一市场上获得可观的利益，如果市场规模狭小或者趋于萎缩，企业进入后就难以获得发展，因此，企业应审慎考虑，不宜轻易进入这样的细分市场。

（4）市场进入条件

市场进入条件主要是指企业进入该目标市场的门槛或困难程度。企业通过细分市场，找到想要进入的、可能会获利的市场。但是在进入该细分市场之前，应该分析进入该市场的难易程度。如果该市场的进入门槛较高，企业需耗费巨大的资金与精力才能进入，这会影响到该市场的获利性。

（5）市场竞争状况

市场竞争状况即目标市场中竞争的激烈程度及竞争结构。如果某个细分市场已经有了众多的、强大的或者竞争意识强烈的竞争者，那么，这一细分市场便是一个竞争极其激烈的市场。此时，应结合企业的战略目标和营销能力，谨慎决策是否把该细分市场作为目标市场进入。

（6）市场潜力

市场潜力是指目标市场上企业所能获得的潜在收益。对电信市场进行细分，选择企业为之服务的目标市场，这些活动企业都需要付出成本。如果目标市场没有足够的潜力为企业带来足够大的收益，企业应认真考虑是否选择该目标市场。这里的潜在收益不只是指企业的利润，处于企业发展周期不同阶段的企业有特有的目标，是否进入该细分市场，取决于企业对成本和目标的衡量。

5.3.2　目标市场选择的过程

信息通信目标市场选择的过程，可归结成对以下两个关键问题的解决。

（1）哪一个（几个）细分市场从本质上最理想

电信企业选择要进入的目标市场，首先要分析各个电信细分市场的吸引力，以选择本质上最理想的几个细分市场。电信市场吸引力大小由电信市场规模大小、发展前景好坏、市场结构好坏等几个方面来决定。若市场规模大、发展前景好、竞争程度低，则市场吸引力就大，反之市场就没有吸引力。电信市场规模是指电信市场的客户总数、客户的收入水平及消费支出、消费偏好等因素；发展前景主要包括细分市场的经济增长率和电信客户增长率；市场结构包括市场内的竞争结构和市场壁垒两方面。通过对各个方面的综合评价，选出对企业最有吸引力的细分市场。

（2）哪一个（几个）细分市场企业最具有为其服务的竞争优势

电信目标市场的选择，即选择一个或几个该企业准备进入、集中精力为之服务的细分市场。通过对电信细分市场吸引力的分析，确定本质上最理想的一个或几个细分市场，但最有吸引力的细分市场未必就是企业的目标市场，目标市场的确定还和企业所拥有的资源状况及企业所具备的能力有关。结合企业对细分市场的吸引力分析和企业的能力适应度分析，在综合比较分析的基础上，选出一个或几个市场吸引力高、企业能力适应度也高的细分市场，确定为企业的目标市场，从而识别电信客户。通过对细分市场本质吸引力和企业自身竞争优势的综合分析，选择企业的目标市场，如图 5-5 所示。

从图 5-5 中可以看到，企业通过采用适当的市场细分标准将其所面临的总体市场细分为六个细分市场，在这六个细分市场中，细分市场2、细分市场1和细分市场4具有相对较高的吸引力，同时企业在这三个市场上也具有较高的服务竞争优势，对于该企业来说，这三个细分市场最有可能给企业带来较高的收益，因此，将细分市场2、1、4作为企业主要的目标细分市场。

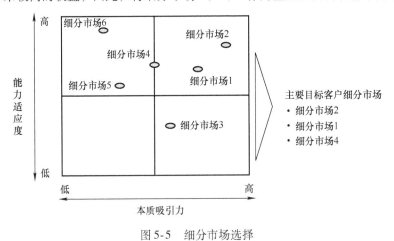

图 5-5　细分市场选择

5.3.3　目标市场选择的策略

根据各个细分市场的独特性和公司自身的目标，共有三种目标市场策略可供选择。

（1）无差异市场营销

无差异市场营销指企业只推出一种产品，或只用一套市场营销办法来招揽客户。当企业断定各个细分市场之间差异很小时，可考虑采用这种市场营销策略。

（2）密集性市场营销

密集性市场营销是指企业将一切市场营销努力集中于一个或少数几个有利的细分市场。

（3）差异性市场营销

差异性市场营销是指企业根据各个细分市场的特点，相应扩大某些产品的花色、式样和品种，或制定不同的营销计划和办法等，以充分适应不同客户的不同需求，吸引各种不同的客户，从而扩大各种产品的销售量。

5.4　信息通信客户价值沟通

企业选定目标市场之后，就明确了将向哪些潜在客户群体提供产品或服务。但找到潜在客户不等于企业已经获得了客户，仅了解客户的一般需求还是不够的，企业必须分析目标市场上所有客户独特的价值需求，并与客户进行价值沟通，吸引其成为企业的客户。

5.4.1　价值定位

价值定位就是对电信目标市场上目标客户独特的价值诉求进行分析，以决策企业应该如何为客户提供产品或服务，以及为客户提供什么样的产品或服务。

企业在进行了电信市场细分和目标市场选择的基础上，需要进一步进行价值定位。价值定位需要回答的核心问题是：客户为什么要买本企业的产品或服务。

现在，随着科学技术的飞速发展，尤其是信息通信技术的发展，已经存在着太多同类产品，信息通信服务提供商们推出了很多品牌的产品，客户如何选择？客户购买的理由是什么？因此信息通信企业的客户价值定位，需要对目标市场上客户不同层次的价值需求进行分析，以确定企业的产品及其品牌，实现从客户到企业，从需求到产品的过程。

信息通信企业客户价值需求层次分析及价值定位的具体方法、模型将会在下节进行详细介绍。

价值定位包括以下三大内容。

（1）价值主张

企业将为潜在的有利可图的客户提供什么，即它要解决的是传递何种价值观念的问题。美世咨询顾问公司认为，面对创新和竞争提升了对快速可靠服务的需求，业余时间减少和家庭收入增加提高了对便利的要求，新趋势的价值主张重点是三个方面：

1）超级服务。即一种客户苛求的、在提供或执行水平上产生了质变的服务。有了质变的服务能使客户满意，同时也能使服务提供商与众不同。世界第三大水泥生产商 Cemex 公司是一家将灵活性作为其标志的公司，它的准时交货标准是 20min 以内，而竞争对手却是 3～4h。它曾被评为世界上 100 家管理最好的公司之一。

2）方便的解决方案。随着对响应速度要求的提高，客户不再只是寻找产品，而是寻找解决方案，其对方便完整的解决方案的需求变得更加强烈。例如当当网的出现，打破了人们购书上书店的传统习惯。客户在家上网购书不但可以享受打折优惠，还可以送书上门。

3）个性化生产。工业化标准、大规模生产正在被大规模定制生产所取代。个性化提高了购买者的效用，使客户被允许从广泛的但受约束的选择集中选择喜爱的产品或服务。Levi's 公司的个人配对程序可按订单上的具体规格缝制牛仔裤，并于一周之内交付，由此吸引了稳定的客户群。

这三种价值定位究竟该如何选择呢？美世咨询公司提出了如下的判断方法，见表 5-3。

表 5-3　价值定位选择

关键业务指标	价值定位		
	超级服务	方便的解决方案	个性化生产
需求不变	√		√
快速的技术变化	√		
产品易被淘汰	√		
多种产品变化		√	
产品回报递增		√	√
多层分销		√	
产品商品化	√	√	√
利润衰减	√	√	√

（2）客户选择

客户选择是指企业的产品或服务的针对对象，它要解决的是为谁创造价值的问题。在不少市场，不是所有的客户都是有利可图的，这是由不断下降的毛利润和不断增加的服务客户的成本多样性引起的。客户价值定位与目标客户必须保持一致，即提供的产品或服务必须是针对正确的客户群。正确的客户群是指：①客户对所提供的服务给予高度的重视；②这些客户服务是可赢利的。

（3）价值内容

价值内容是指企业将通过何种产品和服务为客户创造价值，要解决的问题是：企业准备向目标客户传递何种形式的价值。价值内容可分解为功能价值、体验价值、信息价值和文化价值四种。

1）功能价值，是指产品或服务中，用于满足客户某种使用需要的基本物理属性。此时，客户看重的是产品或服务的某种功能，获得的是一种标准化的有形产品或无形服务。这是一种最基本的传统价值。光靠提供功能价值就能成功的企业，只有在卖方市场的条件下才能存在。如早期的福特公司创建流水生产线，大规模地生产 T 型汽车，关注的只是"让每一个美国家庭用上汽车"。但很快就被后来居上的通用汽车颠覆了，其实施的是多品牌战略，细分不同客户群满足其需求。但时过境迁，通用汽车公司也一度沦落到破产保护的境地。

2）体验价值，是指根据客户个性化的需求提供的一种难忘体验。体验事实上是当一个人达到情绪、体力、智力甚至是精神的某一特定水平时，其意识中所产生的美好感觉。此时，客户看重的是一种"以人为本"的感受。

3）信息价值，是指客户在购买或使用某种产品或服务的时候，能够向他人传递某种信息，从而产生的价值。例如广告常采用高档休闲运动高尔夫或者高档汽车做背景，时刻传递其不同寻常的价值。此时，客户看重的是能够传递高贵身份的信息。

4）文化价值，是指产品或服务中包含的能够为客户带来归属感的某种文化属性。例如，很多现场观看 2008 年北京奥运会的游客，都会购买吉祥物送给亲朋好友。因为这些礼品被赋予了浓厚的奥运文化内涵，具有很高的纪念价值。

5.4.2 价值沟通

为了让客户知晓并进一步了解信息通信产品的价值，并促进信息通信产品价值与客户的价值诉求相匹配，形成客户与企业的共鸣与交互，企业需要与客户进行价值沟通。

价值沟通可分为五个阶段，这五个阶段的目标分别是提高认知度、树立形象、易于获得、鼓励尝试、培养忠诚度；沟通方式主要包括广告、促销、赞助、活动、直邮、忠诚计划等。企业在具体的细分市场上，针对市场的具体需求，采取各种有效的方式以达到企业各个沟通阶段的目标，如图 5-6 所示。

针对具体目标市场上的客户，分析目标客户群的需求、特点及其他外部环境，确定信息通信企业在该目标市场上进行客户价值沟通所要达到的目标，做出应该采用哪种沟通方式的决策。如图 5-6 所示，通过广告、直邮以及赞助的价值沟通方式来提高客户对企业产品或服务的认知度；通过广告、赞助、开展各种活动的价值沟通方式来建立企业产品或服务的形象；通过广告与促销的价值沟通方式告之客户企业的产品或服务是易于获得的；通过促销、直邮以及广告的价值沟通方式鼓励客户尝试企业的产品或服务；通过促销、忠诚计划的价值沟通方式培养客户对

	提高认知度	建立形象	易于获得	鼓励尝试	培养忠诚度
广告	5	5	3	3	2
促销	1	1	3	5	5
赞助	4	5	1	2	1
活动	3	5	1	2	1
直邮	5	3	1	4	2
忠诚计划	1	1	1	2	5

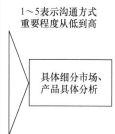

1～5表示沟通方式重要程度从低到高

具体细分市场、产品具体分析

图 5-6　各沟通阶段的目标

企业的好感，提高客户的忠诚度。对于信息通信企业，同样可以运用这些价值沟通方式来实现企业在目标市场上的目标，信息通信企业与客户之间价值沟通的成功与否，直接影响到企业所生产的产品或提供的服务是否能与目标客户的需求相匹配。因此价值沟通也是信息通信客户管理的一个重要环节。

在与客户充分沟通的基础上，以客户感知驱动产品改善，深入到客户接触、使用环节，并严格把关，为产品上线、优化提供了翔实体验数据及建议。2021 年，某业务验证团队被集团公司授予"业务验证最佳团队"奖，图 5-7 所示为该团队以客户感知驱动生产运营改善的流程图。

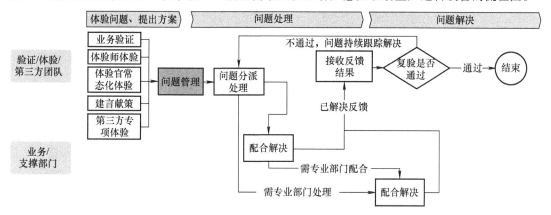

图 5-7　以客户感知驱动生产运营改善流程图

5.5　信息通信客户需求管理

客户需求是客户尚未满足的、生理上、心理上的需要。信息通信客户的需求即是客户对于信息通信产品的需要。信息通信客户需求管理是面向客户需求的运营管理，要求企业对客户的需求有较深刻的理解，并能够动态地监测客户的需求变化，从而为客户提供个性化、差异性的服务与产品。

信息通信客户的需求类型可以从信息通信客户的消费心理和消费行为中获取，消费心理的不同是导致客户需求类型差异的主要因素，也是促使客户需求变化的重要原因，从消费心理挖掘客户的需求可以从根本上了解客户的需求类型，然而，客户的消费心理是隐性的，不易获取的，因而仅通过访谈或者问卷进行消费心理调查来获取客户需求类型也存在一定的困难；通过客户的消费行为也可以了解客户的需求类型，消费行为外显且易于观察，但是，基于客户消费行为的分析往往难以触到客户的深层需求。

伍德鲁夫等相关学者通过研究，建立了客户价值层次模型，该模型从消费心理和消费行为两个层面挖掘客户的需求，很大程度上解决了以上提到的问题，本节将先简单介绍消费心理和消费行为的概念，再对伍德鲁夫的研究进行叙述，并且介绍信息通信领域动态需求监测的相关研究内容。

5.5.1 信息通信行业的消费心理

人作为消费者在消费活动中的各种行为都受到心理活动的支配。例如购买何种商品，购买何种品牌、款式等，其中每一个环节、步骤都需要消费者做出相应的心理反应，进行分析、比较、选择、判断。这种在消费过程中发生的心理活动即为消费心理，又称消费者心理。换言之，消费心理是消费者根据自身需要与偏好，选择和评价消费对象的心理活动，它通过消费行为来对外表现出来。

信息通信客户的消费心理一般具有以下特点。

（1）客户心理需要的多样性

客户受民族习惯、文化程度、收入水平、宗教信仰、审美情趣以及生活习性等因素的影响，对信息通信服务的心理需要是千差万别和多种多样的。因此，信息通信企业在办好现有业务的基础上，要适时开发出客户喜好的、技术含量高的新业务。

（2）客户心理需要的无限性

客户心理需要事实上是无限扩张、永无止境的，方便了还想更方便，便宜了还想更便宜。因此，信息通信企业要无限地追求和有限地开发有市场的新业务。

（3）客户心理需要的层次性

客户的层次性无疑会引发客户心理需要的层次性。因此，企业要根据客户心理需要的层次性，即使同一种业务也应提供不同档次的服务。

（4）客户心理需要的可变性

客户心理需要受经济条件和电信资费等因素的影响而变化伸缩。因此，信息通信企业要以变应变，贴近客户，办好深受客户欢迎的业务。

（5）客户心理需要的可导性

客户心理需要受社会、文化、时尚、观念、交际和广告等因素的影响很大。因此，信息通信企业应强化营销工作，引导客户更多地光顾，更多地使用相关业务。

5.5.2 信息通信行业的消费行为

消费行为是指消费者为获取、使用、处置消费物品或服务所采取的各种行动，包括先于且决定这些行动的决策过程。消费行为是与产品或服务的交换密切联系在一起的。在现代市场经济条件下，企业研究消费行为是着眼于与客户建立和发展长期的交换关系。为此，不仅需要了解客户是如何获取产品与服务的，而且也需要了解客户是如何消费产品的，以及产品在用完之后是如何被处置的。因为客户的消费体验，客户处置旧产品的方式和感受均会影响客户的下一轮购买，也就是说，会对企业和客户之间的长期交换关系产生直接的作用。

传统上，对消费行为研究的重点一直放在产品、服务的获取上，关于产品的消费与处置方面的研究则相对地被忽视。随着对消费行为研究的深化，人们越来越深刻地意识到，消费行为是一个整体，是一个过程，获取或者购买只是这一过程的一个阶段。因此，研究消费行为，既应调查、了解客户在获取产品、服务之前的评价与选择活动，也应重视在产品获取后对产品的使用、处置等活动。只有这样，对消费行为的理解才会趋于完整。

消费行为研究一般需要了解以下信息。

- WHAT：客户购买或使用什么产品或品牌。
- WHY：客户为什么购买或使用。
- WHO：购买和使用产品/品牌的客户是谁。
- WHEN：在什么时候购买和使用。
- WHERE：在什么地方购买和使用，从哪里获得产品/品牌的信息。
- HOW MUCH：购买和使用的数量是多少。
- HOW：如何购买和使用的。

而在进行消费行为调查时，研究通常包括以下指标。

- 客户对产品/品牌认知状况的研究。
- 客户对产品/品牌态度与满意度评价的研究。
- 客户购买行为与态度的研究。
- 客户使用行为与态度的研究。
- 客户对产品/品牌促销活动的认知及接受的研究。
- 客户获取产品/品牌相关信息来源的研究。
- 客户个人资料信息的收集等。

信息通信行业消费行为的研究内容也不外乎以上所提到的"5W2H"，同时调查影响消费者行为的各个内部和外部因素，以分析消费行为产生差异的原因。

基于这些基本内容，同时考虑到信息通信客户消费的具体特点，客户消费行为特征包括以下研究内容。

- 客户的基本特征，包括客户的性别、年龄、文化程度、职业以及收入结构等。
- 客户的消费结构、消费习惯以及对业务的需求特点，如语音通信费用、月通话分钟数、每月短信使用量等。
- 调查客户对相关通信品牌的态度，分析品牌方面的优势和劣势，与竞争对手的差别。
- 客户对价格的接受程度。
- 客户对业务的满意度情况，并了解造成客户不满意的主要因素。
- 客户在网时长，即客户从入网到现在的时间（月数），在网时间的长短体现了客户对企业或对品牌的忠诚度。
- 了解电信客户获取信息的主要渠道。
- ……

5.5.3 电信客户的客户价值层次模型

电信客户由于使用的业务具有无形性、生产与消费同时性等特点，电信客户的客户价值的含义也与其他客户有所差别。为了更好地理解电信客户的客户价值，设计客户价值层次模型，以伍德鲁夫的客户价值定义为基础，可以将电信客户的客户价值理解为电信客户在使用运营企业提供的业务或享受运营企业提供的服务时，对业务和服务的功能及属性表现、对企业满足客户自身深层动机等方面的偏好和评价。

1. 不同类型的客户价值层次模型的建立

信息通信客户的消费心理与消费行为具有多样性，因而，可以预计，其客户价值层次模型也应当具有多样性。

首先，按照客户的需求类型，将信息通信客户划分为以下四类。

（1）沟通型

这一类客户仅把手机当成一种联系工具，希望能够随时随地与他人保持联系。他们可能是经济条件一般的客户，或者是接受新事物比较慢的客户，也可能是工作繁忙而且对外联系很多的客户。由于他们仅仅看重手机的沟通联系功能，因此会对手机的通信质量格外敏感，如信号的强弱，网络覆盖范围等，他们对与联系方面相关的增值业务也会很感兴趣，如手机秘书、呼叫转移、来电显示等。

（2）知识型

这一类客户除了把手机当成一种联系工具外，还把它当成了一种获取信息的途径。他们一般多为注重信息的白领，或者是喜欢随时随地获取资讯的客户，也有可能是喜欢定制一些天气、娱乐、学习信息的爱好者。由于手机的便捷性和随身性，他们对手机能够随时随地获取信息很感兴趣，因此他们多会用手机上网浏览时事新闻、财经资讯、娱乐新闻等，或者个性化的定制信息，以满足他们的需求。

（3）尊贵型

这一类客户除了把手机当成一种联系工具外，还把它当成一种身份地位的象征。他们多为经济条件优越且每月通信支出较多的客户，或者是企事业单位的中高层领导，也有可能是具有一定地位的重要客户。虽然现在的手机已经不像当年的"大哥大"那样派头十足，但是对于这一类客户来讲，他们身边的用品都是具有一定品位并且是特别的，手机当然也不例外。除了使用高端手机外，他们也希望自己所享受到的服务能够与众不同。因此，他们会很看重服务的周到及时性以及特殊性，如上门服务、机场候机厅服务、节日生日问候等。

（4）娱乐型

这一类客户除了把手机当成一种联系工具外，还把它当成了一种体现个性，寻求新鲜刺激体验的工具。他们多为喜欢挑战和新鲜感的学生，或者是喜欢适当娱乐放松的时尚白领，还可能是紧跟潮流希望凸显自己与众不同的年轻人。由于手机已经被越来越多的人所接受，成为个性化的生活必需品，而且手机的功能和移动业务也在不断地增加和完善，手机在作为人们的联系工具的同时也能为人们带来更多的快乐体验。因此这类客户在手机的选择上可能会过多地注重时尚元素，而且对娱乐业务带来的体验很感兴趣。

2. 客户价值层次模型设计

从信息通信客户的角度出发，通过对客户的心理分析，客户价值层次模型中的各层次表示的意义如下。

（1）目的层

表示电信客户使用业务，享受服务的最根本动机，如为了满足自己随时随地与别人沟通的需求、为了体现自己尊贵的身份和地位、为了追求新鲜刺激的时尚潮流、为了享受高品质的生活等。

（2）结果层

表示电信客户对使用移动业务及享受服务的主观判断和感受，如通信质量好、沟通方便快捷、信息及时可靠、办事效率高、压力得到了释放等。

（3）属性层

表示电信客户用来定义业务方面的一些基本属性，如电话接通率、信号强弱、服务网点的数目、业务的操作难度、信息更新及时率、业务创新性等。

图 5-8 是某电信公司的一套客户价值层次模型，从上至下的三层分别为目的层、结果层、属性层。

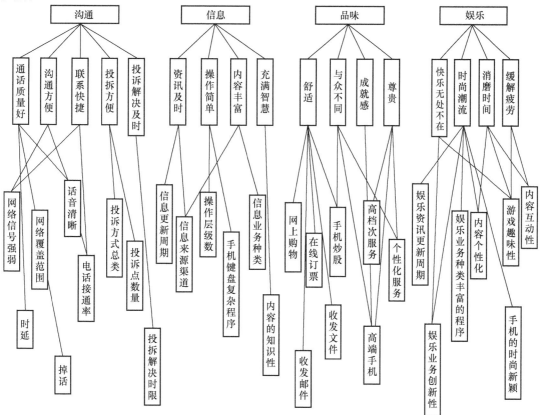

图 5-8　某电信公司的客户价值层次模型

图 5-9 所示为北京某公司立足首都区域特性，通过精准化、场景化、差异化打磨服务品质，重塑客户分级服务体系。面向不同客户群，基于客户全生命周期，建立全渠道协同、全场景覆盖的分级分类服务标准，以数字化系统为支撑，并以触点服务升级机制、吹哨即办运营机制、网业服一体化协同机制保障，从而打造差异化分级服务体系。

图 5-9　重塑客户分级服务体系

5.6　信息通信客户全生命周期管理

5.6.1　信息通信客户全生命周期管理的内容

客户全生命周期管理包含以下内容。

1）针对新客户，如何建立客户关系。客户关系的建立就是要让潜在客户和目标客户产生购买欲望并付诸行动，促使他们尽快成为企业的现实客户。

2）针对老客户，研究如何维护客户关系。客户关系的维护是企业通过努力来巩固及进一步发展与客户长期、稳定关系的动态过程和策略。

3）针对不满意客户恢复客户关系。当客户关系出现破裂时，企业应当及时、努力去修补、恢复关系，努力挽回已经流失的客户。

总之，客户关系管理是一个系统、循环的过程，客户关系管理的流程图可以从图 5-10 中直观地反映出来。

关于新客户的识别和开发我们通过前面内容已经有所认识。因此，本小节将重点讲述客户关系维护和客户挽回的内容。

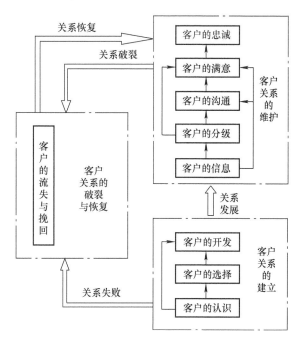

图 5-10　客户关系管理流程图

5.6.2　信息通信客户关系的维护

客户关系的维护包括客户信息搜集、客户分级、客户沟通、客户满意、客户忠诚管理五大方面的内容。

1. 客户信息搜集管理

客户信息搜集是进行客户管理的前提和基础。信息通信服务提供商往往在运营过程中注重搜集客户的各种信息。

基于这些大数据信息，通过多平台交叉分析，用户信息的真实度非常高。通过把这些立体的多层次的用户属性进行结构化后，可以提供给客户关系管理部门、市场部门、运营部门、战略部门进行分析和决策。

用户信息可以通过直接获取或间接获取等多种方式、多种渠道进行搜集。

2. 客户分级管理

企业根据客户给企业创造的利润和价值的大小按由小到大的顺序将客户"垒"起来，就可以得到一个"客户金字塔"模型，给企业创造利润和价值最大的客户位于客户金字塔模型的顶部，给企业创造利润和价值最小的客户位于客户金字塔模型的底部。我们将客户金字塔模型进行三层级划分，这三层分别是关键客户、普通客户和小客户。

（1）针对关键客户

企业应当集中优势资源服务关键客户，通过沟通和感情交流加深双方的联系。具体方法包括：有计划地拜访关键客户；经常性地征求关键客户的意见，甚至在产品开发和运营阶段引入客户的参与；及时、有效地处理关键客户的投诉或抱怨；充分利用多种手段与关键客户沟通；成立为关键客户服务的专门机构。

（2）针对普通客户

针对有升级潜力的普通客户，努力培养其成为关键客户。针对没有升级潜力的普通客户，可以适当简化服务，降低成本。

（3）针对低价值的小客户

针对有升级潜力的小客户，企业应努力培养其成为普通客户甚至关键客户。企业应该给予有升级潜力的小客户更多的关心和照顾，帮助其成长，挖掘其升级的潜力，从而将其培养成为普通客户甚至关键客户。针对没有升级潜力的小客户，可视情况适当提高服务价格、降低服务成本。

3. 客户沟通管理

企业通过与客户沟通，可把企业的产品或服务的信息传递给客户，把企业的宗旨、理念介绍给客户，使客户知晓企业的经营意图，还可以把有关的政策向客户传达、宣传，并主动向客户征求对企业产品或服务及其他方面的意见和建议，理解他们的期望，从而加强与他们的情感交流。

（1）信息通信企业与客户沟通的方式

信息通信企业主要通过以下方式跟客户沟通：通过业务人员与客户沟通，如设立客户经理、客服、"店小二"等职位与客户沟通；通过活动与客户沟通，如通过线上促销和线下推广活动，邀请客户参加，进行客户沟通；通过信函、电话、网络、电邮、博客、呼叫中心等方式与客户沟通；通过广告、公共宣传等与客户沟通。

（2）客户与信息通信企业的沟通方式

客户主动与信息通信企业沟通往往有两种渠道：信息通信企业开通免费投诉电话、24小时投诉热线或者网上投诉等；设置意见箱、建议箱、意见簿、意见表、意见卡及电子邮件反馈等。

（3）处理客户投诉

在企业与客户的沟通中，处理用户投诉是最重要的一个环节。因为客户投诉是信息通信企业借以搜集用户反馈非常重要的渠道，也是企业进行客户关系维护的重要方式。处理客户投诉有四个步骤：让客户发泄；记录投诉要点、判断投诉是否成立；提出并实施可以令客户接受的方案；跟踪服务即对投诉处理后的情况进行追踪。

4. 基于客户满意度和客户忠诚度的客户保存管理：以通信运营商为例

电信客户满意度是指电信客户在接受电信运营商提供的通信服务过程中，产生的实际感受与其期望值比较的程度，或者是这些感受的心理可接受程度。这个定义既体现了客户满意的程度，也反映出电信运营商提供的产品或服务满足客户需求的功效。

目前在电信行业，衡量客户满意度主要有如下几个指标：网络质量、服务水平、资费水平、业务模式、品牌形象等。

电信客户忠诚度是指电信客户存在对某一电信业务的需求，长期使用某一运营商服务的行为。这种长期使用行为，如果仅仅是由于消费习惯和退出壁垒造成的，我们定义它为行为忠诚。如果客户对企业存在情感，这种情感的产生是由于企业为客户提供了比其他潜在运营商更为优异的产品或服务。在这种情况下客户坚定地使用该运营商的业务，不受竞争对手诱惑并向周围人进行业务或者品牌推荐，我们定义它为态度忠诚，这一种是高层次的忠诚。

电信客户行为忠诚的标准是：该客户是存在通信行为的电信客户，使用任意一种或者几种电信业务（如移动业务的语音、短信、网络增值业务等），按时缴纳通信费用。

电信客户态度忠诚的标准是：该客户行为忠诚，客户认可所使用的该运营商的通信业务，并从心理上对其产生依附感进而增加消费，同时在一定程度上抵制其他运营商的促销诱惑，经常向他人进行推介。态度忠诚的基础是行为忠诚，其构成参考图 5-11。

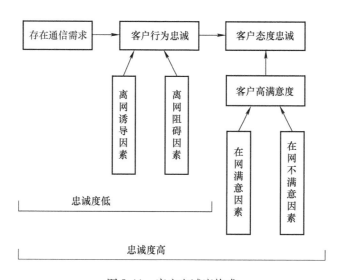

图 5-11　客户忠诚度构成

满意度与忠诚度总体成正相关关系。大多数情况，满意度高则客户忠诚度高，满意度低则客户忠诚度低。但是，这种对应不是线性对应，在竞争越来越激烈的情况下，满意度与忠诚度往往不成比例甚至有可能相反。

5.6.3　信息通信客户流失与挽回

客户流失对信息通信企业的利益有着多方面的损害，信息通信企业在争取新客户的同时必须采取措施预防老客户的流失，这是企业生存发展的必然需要。

信息通信客户关系的衰退期属于客户全生命周期管理的最后一个阶段，是信息通信客户流失的前兆。由于客户衰退期的管理不像前面几个阶段的管理效果那么明显（在前几个阶段，能看到客户数的增多，收入的增加，市场份额的增大等），因而常常成为信息通信企业所忽视的领域。在当前的市场环境下，电信市场上的竞争日趋激烈，电信客户作为一项重要资源成为电信企业之间相互争夺的对象，并成为影响企业生存和发展的重要因素。因此，不仅电信客户的识别期、发展期、稳定期需要企业重视，争取尽量维系客户关系，同时电信客户的衰退期管理也不容忽视。针对衰退原因进行相应的管理，努力恢复对企业有价值的客户，并及时识别出对企业意义不大的客户，以减少电信客户的流失，同样能够为企业带来巨大收益。

常用的客户挽留方法包括以下内容。

（1）重视客户抱怨管理，进行客户抱怨归因。

客户抱怨意味着服务的失败，需要进行服务的修复。首先，要从客户抱怨中找到真正的原因，并理解客户产生抱怨的机理，即服务失败的客户归因。客户归因是指客户在不满时，寻求原因的过程，它影响并决定着客户的行为，当服务失败后，不管企业是否对失败的原因做出解释，客户总会努力寻求服务失败发生的原因。客户归因过程是企业了解服务缺陷以及客户产生抱怨的机理的一个重要手段，对于消除客户抱怨，挽留可能因抱怨而流失的客户，有着十分重要的意义。

（2）建立内部客户体制，提升员工满意度

电信行业中，客户的很多抱怨来自于电信企业的服务存有缺陷，而这些缺陷有的来自于电信网络的问题，而更多则来自于客服部门服务人员的失职，这些服务上的问题，有可能导致客户的直接离网，更重要的是，客户会产生坏的体验感，并且将这种不好的体验告诉其他客户。因而，要想提升客户的满意度，把客户挽留回来，就要加强对内部员工的关怀，提高员工的满意度。实际研究也表明，员工态度对于客户流失有着极其显著的影响。

（3）采取积分营销，保住老客户

随着国内电信企业竞争的加剧，电信市场的竞争正在趋向同质性竞争，客户忠诚度管理正在成为一种重要的营销与竞争手段。通过市场细分，确定不同类型的客户，再针对不同类型的客户，设置不同的积分奖励计划，并进行初级的积分回馈，包括实物类礼品、自由业务礼品、合作商户礼券以及内部级差服务等。

（4）建立多渠道多层次的客户挽留管理策略

不同的渠道，相应的客户挽留策略也不尽相同。比如通过电话对一些高流失倾向的客户进行挽留时，不宜一上来就认定客户是将要流失的客户，应该从其他话题入手，试探客户真正流失的倾向，而后再采取相应的策略。上门进行挽留时，其主要对象是大客户和集团客户，这类客户一般社会地位较高，因而在上门拜访时客户经理应注意自我形象，尽量倾听客户的意见，并对客户承诺相应的服务改善流程和改善方案，有必要时，进一步承诺相应的优惠政策，力保大客户和集团客户的在网。通过窗口进行挽留时，主要在于及时通过与客户的交流发现客户的流失倾向，在短时间内给出一些有利于解决客户疑难或者抱怨的建议，争取在最后关口将客户留住。

5.7 本章总结

1）客户关系管理是指经营者在现代信息技术的基础上收集和分析客户信息，把握客户需求特征和行为偏好，有针对性地为客户提供产品或服务，发展和管理与客户之间的关系。良好的客户关系管理可以培养客户的长期忠诚度，从而实现客户价值最大化和企业收益最大化之间的平衡。

2）信息通信市场的细分标准主要是地理因素、人口统计因素、心理因素和行为因素，细分原则主要是可盈利性、可衡量性、可进入性、差异性和相对稳定性。

3）目标市场选择的影响因素主要有企业自身的目标、企业拥有的资源优势、市场规模、市场进入条件、市场竞争状况和市场潜力。在目标市场选择的过程中会采用以下策略，包括无差异市场营销、密集性市场营销和差异性市场营销。

4）在信息通信市场，价值沟通主要是价值定位，包括价值主张、客户选择和价值内容。

5）信息通信客户的需求管理主要是研究消费心理和消费行为，从而建立客户价值层次模型，为客户提供更好的服务。

6）信息通信客户全生命周期管理是本章最主要的内容，我们要实时做到对客户关系的维护，包括客户信息搜集、客户分级、客户沟通、客户满意和客户忠诚管理。

1. 课后思考

1）客户关系管理的概念有哪三个基本观点？

2）在目标市场的选择过程中，需要注重哪些因素？

3）客户生命周期管理包含哪些内容和方法？

2. 案例分析

华为的客户关系管理

华为公司"以客户为中心"的价值理念，发轫于踏实真诚服务客户的营销实战，其致力于构建战略性客户关系，而核心在于动态地、理性地选择目标客户，有组织有计划地深耕客户关系，最终形成了战略性的客户关系策略与管理的完整流程和运作规范，并与一系列行之有效的策略组合战术高效融合。

华为公司把客户关系管理概括为"一五一工程"，即打造一支营销队伍，采用五种方式，包括参观公司、参观样板点、现场会、技术交流、管理和经营研究会，建立一个资料库。华为公司设立营销管理委员会，下设的客户关系管理部门专门负责研究、评估并督促客户关系的建立和改善，率先将关系营销从利用关系、喝酒、回扣、降价等手段，发展为帮助运营商发展业务，创建与有实力、有价值的战略客户和伙伴客户的新型关系，在实践的摸索中，逐步系统化、科学化、标准化、规范化、流程化。

例如为了增强战略客户对华为公司的认知，会热情邀请客户到华为公司考察，在整个考察过程中，流程规范、细心周到。在客户考察前两天，华为公司客户工程部的工作人员会先与客户电话沟通考察的安排，并征求客户的意见，了解需求，必要时调整接待内容。在当天的考察活动中，华为公司会派出礼宾车提前在车站、机场等处接待，全程陪同，对礼宾车司机从人员到驾驶技术、形象气质、着装礼仪等，都进行精心挑选和培训，其西装都是量身定制，价格不菲。考察的第一站一般先带领客户参观产品展厅和企业展厅，厅内设有显示欢迎字样的电子标示牌，有专业人员讲解产品与服务，现场设有互动和体验环节，增进客户对华为公司的感性认知，并安排全体来访人员合影。在客户离开展厅前往别的区域参观时，每名来访人员会收到合影的相框。然后，华为公司会安排客户参观立体物流基地、华为大学、华为百草园等处，每处都有专业人员给予讲解。整个接待增进了与客户的关系和感情，让客户印象深刻。对于国外的客户，华为公司不仅让其近距离认知华为公司，还安排其认知中国，一般设计两条线路，一条为北京－上海－深圳－香港，或者为香港－深圳－上海－北京，以此增进客户对公司乃至所处中国环境的全方位感性认知。

企业在发展过程中，需要持续选择战略客户。华为公司以十年为战略周期来分析和创建客户关系，以年度为单位进行关系评价和动态调整。每年年底，都要对比分析客户关系，评估年初的预期与实际结果之间的差距，如有偏离，要分析是什么原因导致的，是否能被接受，是否需要调整，是否有新崛起的客户，是否有衰落的客户，客户的业务和战略是否有调整，是否有新的可选择的战略伙伴，与客户的关系是增强了还是减弱了，客户的满意度方面出现什么问题等。通过客户的反馈确定下一年度改进客户关系的方向，并将客户的意见以及提高客户满意度列入年度工作规划中的十大重点任务中。

对每个战略客户，经过三到五年的努力，就会形成相对完善的客户档案和供应商档案。客户档案客观地记录客户的基本情况，展现客户发展前景，对华为公司的价值关系等，同时华为公司将自己当作客户，来反观对象企业，以此研判双方的合作前景。供应商档案记录的是客户的多家供应商的基本情况，是把华为公司当作客户的供应商之一，掌握客户对华为公司及其他供应商（即竞争对手）的评价，明确与竞争对手的竞争态势。知己知彼，百战不殆，对这两个档案资料的不断完善，对战略客户的不断建立和调整，构成了华为公司战略客户关系营销管理螺旋式上升的完整流程，引领着华为公司牢牢掌握市场的主动权，不断攻城略地，开疆拓土。

思考：

1）通过案例分析，华为公司是如何进行客户关系管理的？

2）结合本章所学，在日常工作中，华为公司如何进行客户维持以及当客户流失时如何进行客户挽留。

3）华为公司始终把客户放在第一位，从中可以看出华为公司怎样的价值观？

3. 思政点评

1）为了增强战略客户对华为公司的认知，华为公司会热情邀请客户到华为公司考察，整个考察过程流程规范、细心周到。从中可以看出华为公司以客户为中心的价值观，在与客户的交流过程中面面俱到，始终为客户提供最优质的服务。

2）不断完善客户档案和供应商档案，明确与竞争对手的竞争态势。日常工作中坚持自我批判，自我纠正。除此之外，华为人始终怀抱着艰苦奋斗、"狼性文化"、低调务实、爱祖国、爱人民的精神，为客户提供最优质的服务。

第6章

信息通信供应商与合作伙伴管理

行业动态

• 2022 年 8 月 10 日，"2022 世界 5G 大会"在哈尔滨市开幕，中国电信董事长柯瑞文出席开幕式并发表《共筑 5G 生态 共促 5G 繁荣》的主旨演讲。"今年是 5G 商用的第三年，我国在 5G 的网络、用户、技术、产业和应用方面实现全面领先，5G 发展进入佳境。"柯瑞文指出，在 5G 发展的新阶段，我们也面临了很多新的情况和问题，需要进一步深入研究、探索、解决。

• 2023 年 8 月 25 日，2023 华为数据存储用户精英论坛在西宁拉开帷幕，华为公司分布式存储领域副总裁韩振兴表示，华为公司将坚持推动分布式存储的全面闪存化，并重磅发布了分布式存储全闪新品 OceanStor Pacific 9920，实现让闪存存储能够更多、更快地服务于各行各业。

本章主要目标

在阅读完本章之后，你将能够回答如下问题：

1）什么是供应商、合作伙伴和供应链？供应链的组成部分有哪些？

2）供应链的关系类型有哪些？

3）什么是供应链管理？供应链管理的重要性体现在哪些方面？

4）供应链设计的几种决策？供应链设计要考虑哪些方面？

5）设计中的每个部门的重要职能？如何衡量和改善供应链的绩效？

6）信息通信领域中的供应商与合作伙伴是如何定义的？

7）如何开发和管理信息通信供应链？

8）如何管理信息通信供应商与合作伙伴关系？

6.1　基本概念与理论

6.1.1　供应链与合作伙伴管理

1. 供应商

一般来讲，供应商是指直接向企业或者个人提供商品及相应服务的企业及其分支机构、个体工商户，包括制造商、经销商和其他中介商（也称为"厂商"），即供应商品的个人或法人。供应商可以是个人、生产基地、制造商、代理商、批发商（限一级）、进口商等。

供应商作为供应链链条的重要环节，它的产品质量和企业经营的好坏会直接或间接地影响到供应链上其他企业的产品质量、价格水平、交货及时率、服务水平以及客户满意度等方面，进而对整条供应链会产生影响。因此，企业要想维持正常的生产经营，稳定的、可靠的供应商是必不可少的，以便保证企业生产所需的各种各样的物资供应。因此，供应商管理显得尤为重要。

供应商管理是指企业对其供应商的开发、评价、选择、考核、控制和激励等管理性工作。不管是对供应商的评价选择，还是对供应商的考核控制，其最终目的都是要使用好供应商，并且建立起一个适合企业自身经营发展的、稳定的、可靠的供应商队伍，为企业的生产提供可靠的物资保证。

供应商管理主要包括五个方面，即供应商队伍的建立、供应商关系的管理、供应商的选择与评价、供应商的绩效评估、供应商的控制与激励。通过对供应商进行管理，可以有效地开发潜在供应商，以较低的成本获得符合企业质量和数量要求的产品及服务，并且确保供应提供优质的产品或服务以及保证交付时间，同时，也有利于保持与供应商良好的供应关系。

2. 合作伙伴

合作伙伴一般来讲是人与人之间，或者是企业与企业之间达成的合作关系，它是指在相互信任的基础上，双方为了实现共同的目标而采取的共担风险、共享利益的长期合作关系。

供应链合作伙伴（Supply Chain Partnership，SCP）是供应企业与制造企业，或者是制造企业与销售企业之间为了实现企业经营目标或销售任务，在一段时间中企业之间分享信息资源，共同承担风险，共享利益的一种合约供应协议关系。通常情况下，供应链合作伙伴关系是以某一个或者几个大型企业为核心，多个中小型企业参与，组成的一个生产销售网络结构，以此实现供应链节点企业的产量、质量、交货、财务状况、业绩等的改善以及提高用户满意度，因此选择合适的供应链合作伙伴成为大多数企业构建供应链、实现企业利润最大化和长远发展的关键。

3. 供应链

供应链是指产品生产和流通当中，以制造业企业为核心，以供求为本质，通过整合资源的方式，把上下游多个主体串起来形成的网链结构，为客户提供快速灵活、高效的支持和服务。其体系是由一硬、一软、一网、一平台组成的。

与供应链相互联系的还有价值链，价值链的概念首先是由迈克尔·波特（Michael Porter）在其畅销的著作《竞争优势》中提出的："价值链的观点是基于组织的流程视图，是一种把制造（或服务）组织视为一个系统的观点，它由若干子系统构成，每个子系统都具有投入、转换流程和产出。投入、转换流程和产出包括了资金、劳动力、材料、设备、建筑、土地、行政和管理等资源的获得和消耗。如何开展价值链的活动决定了成本，影响利润。"价值链是运营在某个特定产业中的组织（企业）所完成的一系列活动的链条，这些活动为市场和最终客户提供了增值的产品或服务。

供应链流程在时空上的实现模式形成供应网，即供应链的交织形成价值节点和分布式网络，其中，产品或服务在制造或交付的过程中为客户创造价值。供应网包括了业务活动的普遍状态，其中所有类型的材料（产品）在不同的增值点（节点）之间转化和流动，使得为客户增加的价值达到最大化。供应链是供应网的一个特例，其中原材料、中间产品和产成品在供应链的流程中被当作特别的产品购买。

6.1.2 供应关系类型

供应链管理中的一个关键问题是如何管理好与供应商和客户的关系。供应链作为一个整体，其行为是由若干独立的运营关系所构成的。因此，了解供应关系的不同方式和类型非常重要。

1. 传统市场供应关系

（1）纯粹的买卖关系

自给自足型运营的极端对立面是以"纯粹"的市场行为从外面购买产品和服务，通常每次都要根据购买需求寻找"最好"的供应商。每次有效的交易都需要单独决策，因此，买方和卖方的关系可能是很短期的。一旦产品或服务交付完成，付款结束，买卖双方之间可能不再会有其他交易。如果考虑把某些公司变为经常合作的供应商时，短期关系可以先作为一种尝试。此外，运营中所作出的许多购买决定往往是一次性的，也很不规律。

（2）竞争导向型供应商关系

竞争导向型供应商关系将买方与卖方之间的谈判看成是一种零和博弈：一方的损失就是另一方的收益，短期利益重于长期承诺。

买方可能将供应商的价格打压到最低的生存线，或者是在经济繁荣时期的需求水平很高，而在经济衰退时期则几乎什么也不采购。与此相反，供应商会抬高特定质量水平和客户服务及批量个性化产品或服务的价格。究竟哪一方会获胜在很大程度上取决于谁的影响力更大。购买力直接决定着一个企业拥有的影响力。当一个企业的购买量占供应商销售量的比重很大时，或者所购服务或产品是标准化的且拥有很多替代品时，该公司就具有很强的购买力。

（3）合作导向型供应商关系

在合作导向型供应商关系中，买方与卖方是合作伙伴，每一方都尽可能去帮助另一方。合作导向型供应商关系意味着双方长期的承诺，共同为质量负责，买方对供应商从管理上、技术上以及能力开发上提供支持。

2. 合作伙伴供应关系

供应链中的合作伙伴关系有时被视为纵向集成（拥有供应环节的资源）和纯粹市场关系（与供应商之间只有买卖交易）两者的折中，但合作伙伴关系并非纵向集成与纯粹市场交易的简单混合，尽管其意图是要取得某种程度上的纵向集成的紧密度和协同效率，但同时又希望取得一种可以不断刺激改进的关系。

3. 虚拟运营

运营活动外包的一种极端形式是虚拟运营。虚拟运营相对来说很少自己做事，而是依赖于供应链中的供应商所提供的服务和产品。供应链可能仅仅为了一个项目而形成，一旦项目结束，供应链就解散了。例如，某些软件和互联网公司从某种意义上讲是虚拟的，其在进行某项特别开发时买进所有所需的服务，这可能不仅包括了特殊的软件开发技能，还可能包括项目管理、测试、应用原型设计、市场营销、实体生产等。

4. 供应商/合作伙伴挑选

选择合适的供应商应当考虑不同方面之间的平衡。很少有潜在的供应商比其竞争对手具有特别明显的优势。企业在选择新供应商时最常用的三个标准就是价格、质量和交付。

5. 全球采购

近年来的一个重要发展趋势是，服务或产品采购比例的扩张已经跨出国门，即所谓的全球采购。传统上，即便是出口产品或服务到全世界（即业务需求侧的国际化）的公司，其采购的绝大部分仍然是本地的。

6. 集中采购与区域采购

当一个组织拥有多个分支机构（如通信运营商、商店或工厂等）时，管理层必须决定是采用集中采购的方式还是区域采购的方式。这一决策对控制供应链中的物料流、信息流和资金流具有重要意义。

6.1.3 供应链管理

1. 供应链的管理

就是协调企业内外资源来共同满足客户需求，当我们把供应链上各环节的企业看作为一个虚拟企业同盟，而把任一个企业看作为这个虚拟企业同盟中的一个部门，同盟的内部管理就是供应链管理，即以最少的成本，令供应链从采购开始，到满足最终客户的所有过程，使供应链运作达到最优化。只不过同盟的组成是动态的，根据市场需要随时在发生变化。

2. 供应链的动态特性

供应链上的每个企业都要依靠链上的其他企业来获取服务、物料及信息，从而满足供应链中客户的需求。由于供应链中的企业一般都是独立所有和经营的，因此其下游成员（面向服务或产品的最终客户）的活动会影响到上游成员（面向供应链上最外层的供应商）。究其原因，就在于供应链上游的企业必须对其下游的成员企业提出的需求做出响应。这些需求由下列因素决定：下游企业的库存补充策略、实际库存水平、客户需求水平，以及所使用信息的准确性。

20世纪90年代初，宝洁公司在对帮宝适产品进行考察时发现，其零售商的产品库存是相对稳定的，波动并不大，但分销商、批发商往往会根据历史销量及最新市场动态进行分析预测，通常会把预测的订货量做人为放大，这样一级一级地放大，结果到生产商时，产品需求会引起大的波动性。这种信息扭曲的放大作用如图6-1所示，很像甩起的赶牛鞭，因此被称为牛鞭效应。

之后在经济学家们的讨论下，牛鞭效应用于指供应链上的一种需求变异放大现象，使信息流从最终客户端向原始供应商端传递时，无法有效地实现信息共享，而是使信息扭曲且逐级放大，导致需求信息出现越来越大的波动，此信息扭曲的放大作用在图形上很像一个甩起的牛鞭，因此被形象地称为牛鞭效应。

如同宝洁公司案例所述，供应链下游末端客户需求的小小变化，就会引起整个供应链的上游发生大幅度变化、波动、出差错、预测不准确等，每个成员都会受到来自直接下游企业的需求变动而带来的更大变动。

导致牛鞭效应的主要原因是，供应链上不同环节根据自身对需求的理解和推测，敏感地管理和调整其产量和库存水平。为了说明这一点，我们来看看表 6-1 中供应链上的产量和库

图 6-1　牛鞭效应示意图

存水平的例子。这是一个具有四个供应环节的供应链例子，其中主运营环节有三个级别的供应商提供服务。市场需求是曾经每个时期需要 100 件产品，但是在第 2 期，需求减少为 95 件。整条供应链的所有环节的运作原则是，每个环节会保持一个时期的需求量的库存（简单的单期需求而不是加总的）。库存栏表示每个时期开始时的初始库存以及结束时的存量库存。在第 2 期开始，主运营环节有 100 件库存。第 2 期的需求是 95 件，那么主运营环节必须在第 2 期末保持 95 件库存（即新的需求水平）。为了达到这样的需求，只需生产 90 件，连同上期库存剩下的 5 件即可满足供应需求，同时库存里补充了 95 件。但是要注意，需求侧仅 5 件的变化就导致了主运营环节生产量 10 件的波动。

表 6-1　为响应最终客户需求的微小变化而引起的整条供应链生产水平的波动

期间	三级供应商		二级供应商		一级供应商		主运营		需求
	产量	库存	产量	库存	产量	库存	产量	库存	
1	100	100 100	100	100 100	100	100 100	100	100 100	100
2	20	100 60	60	100 80	80	100 90	90	100 95	**95**
3	180	60 120	120	80 100	100	90 95	**95**	95 95	95
4	60	120 90	90	100 95	**95**	95 95	95	95 95	95
5	100	90 95	**95**	95 95	95	95 95	95	95 95	95
6	**95**	95 95	95	95 95	95	95 95	95	95 95	95

注：每个运营环节都保持一个期间的库存。

照此逻辑考察一级供应商，在第 2 期开始，一级供应商有 100 件库存。第 2 期的需求来自于主运营的第 2 期的产量需求，是 90 件。因此一级供应商的生产需要满足 90 件的需求，并且在库

存里留一个月的需求量（现在变成了90件），因此每月80件的产量可以满足此需求。所以在第3期开始，一级供应商变为90件库存，但是其客户（主运营）的需求变成了95件，因此它的产量需要满足95件的需求和95件的库存。为了完成这个目标，第3期必须生产100件。照此逻辑一直上溯到三级供应商。越往供应链的上游走，由最终客户的微小需求变化而引起的波动幅度就越大。

如何安排每个月的生产，其决策由如下关系决定：

任何一期可获得的总销售量 = 当期的总需求量

每期初始库存 + 产量 = 需求 + 期末库存

每期初始库存 + 产量 = 2 × 需求（因为期末库存必须等于需求）

产量 = 2 × 需求 − 每期初始库存

考察供应链上的两种运营，当一种运营向另一种提供产品或服务时，会出现误解或误会的潜在可能，原因可能仅仅是因为没有足够清楚地了解客户的期望或者供应商的交付能力。其他原因可能还有预测错误、前置时间过长或发生变化、订单批量变化、由于价格波动或促销引起的需求波动、订单恐慌（缺货博弈）以及供应链上可知的其他风险等。图 6-2 显示了典型供应链中的牛鞭效应，市场上相对微小的波动引起整个供应链的大幅度波动。

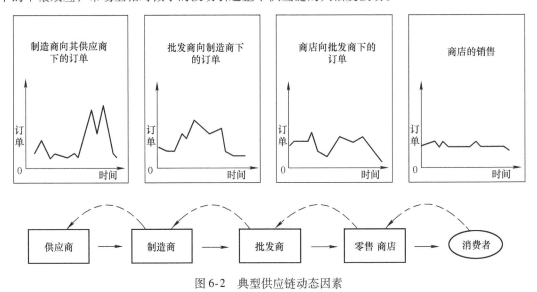

图 6-2　典型供应链动态因素

3. 产生牛鞭效应的原因

（1）外部原因

企业几乎无法控制其外部客户和供应商。因此在设计流程时必须理解的就是企业可能还要应付供应商和客户带来的一些干扰。典型的外部干扰包括以下几个方面。

1）批量变化。客户可能会对已订购的在某一个特定日期提交的服务或产品的数量进行改变，或者在意料之外增加同一标准的服务或产品的需求。如果市场要求的提前时期很短，企业就需要其供应商做出快速响应。例如一家电力公司在遇到非常炎热的天气时，就需要另一家电力公司及时为其提供电力支援，以避免在该地区实行限量供电。

2）服务和产品组合的变化。客户可能会改变订单中的产品组合，从而引起整个供应链的波动。例如某通信运营商在推出 4G 新业务时绑定送手机优惠活动，根据市场预测可能要改变其订单中的手机品牌组合，从订购 60% 的三星品牌和 40% 的华为品牌改变为订购 40% 的三星品牌和 60% 的华为品牌。这一决定将会导致生产这两种品牌手机的工厂生产进度的改变，引起库存的失衡。进而，生产手机显示屏的公司也必须改变生产进度，进而影响到它的供应商。

3）延迟交付。物料发货的延迟或必要服务的延误，将会迫使企业调整生产计划，从一种型号产品的生产转向另一种型号产品的生产。那些供应特定型号产品的专用物品的企业也可能因此而打乱生产进度。例如三星手机生产工厂可能发现其生产 A 型手机零部件的供应商不能按时供货。为了避免代价高昂的生产线停工，其可能决定转向 B 型产品的生产。这样一来就会突然产生对生产 B 型手机零部件的供应商的很大需求。

4）未足额供货。供应商可能由于工厂内部生产的干扰而只发送部分货物。未足额发货引起的后果与延迟发货类似，除非有足够的货物使企业能够坚持运转到下次发货。

（2）内部原因

一个企业本身的运营可能会成为其供应链持续动态变化的根源。典型的内部干扰包括以下几个方面。

1）内部产生的短缺。一个企业可能会因为机器故障或工人的操作不熟练而使所生产的零部件出现短缺。这一短缺可能会引起企业生产进度计划的改变，并进而影响到供应商。由于纠纷和员工大量离职所引起的劳动力短缺也会带来类似的影响。例如某制造工厂的一次停工，将会减少对货车运输服务的需求。

2）工程设计变更。对服务或产品设计的变更将会直接影响到供应商。例如中国电信公司实施宽带中国光纤入户工程，会使原来使用普通电缆的用户获得更好的宽带数据接入服务，但此举措会影响对电缆公司供货的需求。同理，降低手机内部装配的复杂性，可能并不会被手机用户（从功能上）察觉，但是却会影响对手机零部件的需求。

3）新服务或新产品的推出。新的服务或产品总是会对供应链产生影响。一家企业对应推出多少新服务或产品以及在何时推出的决定，会引起供应链的变动。新的服务和产品可能会需要一条新的供应链，或者是在现有供应链中增加新的成员。例如某通信运营商要推出一种新的 5G 商务套餐新业务附带送手机和商旅服务，将会对手机以及相关延伸服务的供应商产生影响。

4）服务或产品的促销。采取价格折扣的方式进行促销是提供标准化服务或产品的企业的一种常见做法。这一活动会令整个供应链都感到出现了需求高峰。这种利用价格折扣进行的超出即时需求的购买又称为提前购买。然而，如果能同时有效控制增加成本的活动，这种价格计划将会促使整个供应链效率的提高。例如战略定价计划向参与下列活动的客户提供了资金方面的激励：电子订购、直接接受工厂送货或自己提货。客户的订单按照公司提供服务的成本来分类定价。这使企业和客户都节省了成本，形成一种双赢的局面。

5）信息错误的影响。需求预测的误差可能使企业订购太多或太少的服务和物料。同样，需求预测的误差还可能会引起加急订购，迫使供应商为避免供应链中出现短缺而加快响应速度。此外，实地库存盘点错误也会引起短缺（导致恐慌性购买）或过高库存（导致减缓购买）。最后购买者和供应商的沟通联系也可能出现失误。例如不正确的订单数量和信息流的延迟也会影响到供应链的动态变化。

上述这些外部干扰和内部干扰都会降低供应链的绩效。许多干扰是由供应链流程间无效的协调和失败的管理所引起的。因为供应链中包含了众多的企业和分散的运营，要想将所有的干扰都消除是不切实际的。然而，供应链管理者所面临的挑战就是要尽可能多地消除这些干扰，并设计出一条可以使那些无法消除的干扰所造成的影响最小化的供应链。

4. 供应链管理的重要性

1）供应链管理有助于把握竞争态势。不难理解，对于具有竞争意识的企业来说，直接客户和直接供应商需要加以重点关注。但很多时候，企业还需要比这些直接的客户和供应商看得更远一点，这样才能更好地了解客户或供应商行为的原因。如果企业想要了解处于供应链末端的最终客户的需求，其运营必然要依赖于处于自己和最终客户之间的供应链的中间环节。

2）供应链管理有助于发现供应链中的重要环节。了解供应链的关键在于弄清供应链中对于绩效目标和最终客户价值有贡献的组成部分。在此基础之上，对最终客户服务及价值贡献最大的供应链上游的部分也需要特别关注，例如通信运营商最重要的最终客户是最终消费者（用户），与他们直接打交道的是业务营业厅（实体店或网上营业厅）和销售、服务人员。营业厅需要向客户快速提供与信息通信业务和合约终端相关的营销、销售和咨询服务。与终端及其配件相关的是库存，而向库存所有者提供终端及配件的更上游的供应商对最终客户的竞争力具有最大的贡献，不仅是因为要快速提供，还因为要可靠地提供。在这个例子中，最关键的角色是库存所有者，能够赢得最终客户业务的最好办法是向库存所有者提供即时交货，帮助他们降低成本水平，同时保证配件的高水平可获得性。

3）供应链管理有助于着眼长远利益。有时候会出现这种情况，供应链的某个部分的表现比相邻的其他环节要薄弱。例如主要设备故障，或者劳动力纠纷，都可能导致整个链条瘫痪。到底应该是直接帮助客户或供应商去发现薄弱环节、进而改善他们的竞争地位呢？还是容忍问题的发生，寄希望于客户或供应商自己去解决问题呢？从长远的供应链管理的角度看，应该要在对薄弱环节施以援手或者替换之间权衡利弊后进而做出决定。

4）供应链管理有助于降低成本。组织运营管理的一个趋势是越来越多地购买商品和服务，而组织则尽可能地专心在核心业务（Core Business）或核心任务（Core Tasks）上。

5）供应链与运营战略密切联系。运营战略力求在企业基础设施和流程的设计及使用方面，与企业每一种服务或产品的竞争优先级之间建立联系，从而在市场中最大限度地发挥潜力。供应链是若干企业组成的网络，因此，供应链上的每个企业都应该建立自己的供应链来为其服务和产品的竞争优先级提供支持和保障。

5. 供应链管理绩效目标

在进行供应链设计与管理时，首先应当考虑供应链的绩效目标。供应链管理的主要目标是满足最终客户。无论单个的运营离最终客户有多远，供应链的所有环节都必须考虑最终客户的需求。当客户下了购买决定后，整个供应链就被启动了。供应链上的所有业务活动把最终客户的支付沿着链条的各个环节逐级传递，每个节点都会因为对客户增值有所贡献而保留一定的利润。供应链上的每个运营都应当满足自己的客户需求，同时还应当确保最终客户的需求被满足。

因此，从整个供应链的总体绩效和满足最终客户需求这两个方面来考虑，供应链管理绩效目标也同样可以通过五项运营绩效目标来衡量，即质量、速度、可靠性、灵活性和成本（参考第1章所介绍过的五项运营绩效目标）

1）质量。抵达最终客户的产品或服务的质量是整个供应链上每个运营环节的质量表现的总和。供应链上每个环节的差错都会对最终客户的服务产生放大作用。这就是为什么每个环节都要对自己及其供应商的表现负责，这样才能保证供应链获得更高的最终客户质量。

2）速度。在供应链场景中，速度具有两方面的含义。一方面，是客户能够多快地获得服务。然而，快速的客户反应可以简单地通过供应链上的过量资源或过量库存达到。例如通信运营商的营业厅为了快速响应客户需求，可以通过安排适量的备用服务人员，准备应对可能发生、也可能不发生的需求。另一方面，速度是服务或产品在供应链上移动的时间。如果产品在供应链上移动的速度快，那么将会减少库存时间，也就会减少供应链上的库存成本。

3）可靠性。和速度类似，运营可借助于过量资源（比如库存）来保障"及时"（On - time）交付。然而，供应链上吞吐时间的可靠性是更加期待的目标，因为它能降低不确定性。如果某个运营环节不能如期交付，那么客户就会有过量订货或过早订货的倾向，以应对可能出现的延期交付。这也就是交付可靠性在供应链中通常是以"及时、全部"来衡量的原因。

4）灵活性。供应链中，灵活性常常是指应对变化和波动的能力，这种能力通常称为敏捷性，主要关注最终客户、保障快速产出以及客户需求响应等。此外，敏捷供应链还意味着要有足够的灵活性去应对变化，无论是客户需求方面，还是供应链内运营环节的供应能力方面。

5）成本。除了每个运营环节内发生的成本之外，供应链作为一个整体还会发生额外成本，这些成本是由运营环节之间的业务往来所产生的，包括寻找合适供应商的成本、订立合同契约的成本、监控供应绩效的成本、运营环节之间运送产品的成本、库存持有成本等。供应链管理中的很多开发活动，比如合作伙伴协议、减少供应商数量等，目的都是为了最小化交易成本。

6. 供应链设计

在进行供应链设计决策时，我们需要站在更广的供应链角度，也就是供应网的角度来考虑。供应链设计决策要通盘考虑供应链如何运作，以及向客户提供服务或产品的能力。这些设计决策包括以下内容。

供应链构型决策：供应链中谁该做什么？供应链中有多少环节步骤？客户、供应商、合作伙伴、竞争对手的角色分别是什么？

自给自足或购买决策、外包或纵向集成决策：运营活动在供应链中应占据多少分量？

供应链的匹配决策：当运营在不同的市场上以不同的方式竞争时，供应链应当如何合理配置？

（1）构型决策设计

1）减少供应基数。在重新配置供应链时，有时需要整合部分的运营环节，这倒不必改变运营环节的所有者，而是在进行活动责任分配。许多企业关于供应链重新配置最具有共同点的一个例子是，减少直接供应商的数量。应对成百上千供应商的复杂局面对运营来说既可能耗资巨大，还可能阻碍与某些供应商之间建立比较密切的合作关系，而这种关系有时会显得更为重要。与许多不同的供应商建立和保持密切关系并不容易。

2）无中介。在一些供应链中，有一种趋势是供应链中的企业绕过其直接客户或供应商，直接与客户的客户或供应商的供应商订立合约。这种"甩掉中间人"的方式称为无中介（或脱媒）。一个明显的例子是，基于互联网的电子商务让一些供应商在向客户提供服务或产品时，可以甩开传统的零售商。

3）竞合。构思供应链的另一种方案是把业务都当作是被四种参与者围绕的情况：即供应商、客户、竞争对手和互补者。互补者可以使企业的服务或产品对客户更具价值，因为可以拥有互补者的产品或服务，而不仅仅是自己的产品或服务。竞争对手却是站在对立面，他们的产品或服务让你的产品或服务对客户来说价值更低。竞争对手可以变成互补者，反之，互补者也可以变成竞争对手。例如，相邻的两家餐馆可能是竞争对手，站在门外的想用餐的顾客会选其中一家。但从另一方面来说他们也可能是互补者，因为这个地方有不止一家餐馆，因此顾客才到这边来用餐的。餐馆、剧场、艺术馆、旅游景点等，它们组合在一起形成了一种合作局面，加大了共同市场的规模。很重要的一点是，我们要能区别公司之间通过合作扩大总体市场的方式与他们之间互相竞争占有不同市场份额的方式的不同。从长期看，合作会为整个供应链带来价值，找到为供应商和客户增加价值的出路。供应链中所有的参与者，无论是供应商、客户、竞争对手还是互补者，在不同的时期可能会既是朋友，也是敌人。我们把这种观点称为竞合。

4）自给自足或购买。没有哪家公司会把交付产品和服务的所有事情都自己来完成，正如绝大多数餐馆不会自己去种蔬菜粮食。虽然大多数企业都把某些活动外包了，但还有很大比例的直接活动是自己从供应商那里购买来的。此外，许多间接流程活动也外包了，这通常被称为"业务流程外包"（Business Process Outsourcing，BPO）。这样做的理由通常是出于成本削减的考虑，此外，外包服务还可能带来显著的质量和灵活性方面的效益。

5）高效供应链和敏捷供应链。即使电子数据交换、互联网、计算机辅助设计、柔性制造以及自动化仓储等大量先进技术已被广泛应用于供应链的各个阶段，但许多供应链的绩效仍然不尽如人意。引起无效协调的一种可能的原因就是管理者并不了解服务或产品需求的性质，因此无法设计出可以最好地满足这些需求的供应链。

用于获取竞争优势的两种供应链设计方案是高效供应链和敏捷供应链。高效供应链的目的就是对服务流和物料流进行协调，以使供应链中的库存最小，并使服务提供商和制造商的效率最大。敏捷供应链的设计是为了通过对库存和生产能力的定位来降低需求的不确定性因素，从而对市场需求做出快速响应。表6-2显示了最适合这两种设计方案的环境。

表6-2　最适合高效供应链和敏捷供应链的环境

考虑因素	高效供应链	敏捷供应链
需求	可预知、预测误差小	不可预知、预测误差大
竞争优先级	低成本、一致性质量、准时交付	开发速度快、快速交付、客户定制化、批量柔性、多样化、定级质量
新服务/产品推出	不频繁	频繁
边际贡献	低	高
产品多样性	低	高

供应链绩效不佳通常是由对所提供的服务或产品使用了错误的供应链设计方案所致的。比如常犯的错误就是在需要敏捷供应链的环境中采用了高效供应链。

6）跨组织供应链。供应链贯穿于整个组织。很难想象企业内的某个流程不受供应链的影响，因此必须对供应链进行管理，从而对企业的投入与产出进行协调，使业务流程满足适当的竞争优先级要求。互联网与电子商务为企业提供了不同于传统方法的另一种供应链管理方法，但企业必须致力于对整个组织内信息流的再造，其中受影响最大的供应链流程是客户关系流程、订单履行流程（包括内部供应链）以及供应商关系流程。这些流程与企业所有的传统职能领域都要发生相互作用。显然，在供应链运营与企业竞争优先级之间建立有效的联系，对一个企业来说是具有战略意义的。

（2）构型决策中每个部门的重要职能

供应链管理就是要设计企业的客户关系流程、订单履行流程及供应商关系流程，并使这些流程与供应商及客户的关键流程同步，达到服务流、物料流及信息流与客户需求之间的匹配。因此，供应链的设计对整个组织中各部门都具有重要性。

销售部门：确定向客户交付服务的最好方式，或为外部客户服务的最佳成品库存设置及运输模式。

营销部门：涉及与企业客户的联系，需要供应链来确保为客户提供敏捷的服务。

运营部门：负责供应链的主要部分，必须与其他各职能领域进行相互作用以保证绩效。

财务和会计部门：必须弄清供应链的绩效是如何影响关键财务指标的，以及这些信息是怎样体现在企业的财务报表之中的。

采购部门：进行供应链中供应商的筛选。

IT 部门：设计保证供应链绩效所必需的信息流。

（3）供应链绩效改善

对于运营经理人而言，提高供应链绩效是其很重要的工作内容，包括要协调供应链的活动，或者更好地了解供应链流程的复杂性。

1）运营效率。运营效率意指供应链的每个运营环节都能够减少自身的复杂性，降低与其他运营环节开展业务的成本以及加快流转时间。每个单个活动的累积效应是为了简化整个供应链。

提高供应链运营效率的一个非常重要的方法是时间压缩，意思是指加快物料和信息在供应链上的流动。我们在前面所讲的牛鞭效应其部分原因也是因为信息沿着供应链向上流动的速度慢。图 6-3 可以看出时间压缩在对利润的总体影响方面所带来的好处。

2）供应链与电子商务。新的信息技术连同基于互联网的电子商务极大地改变了供应链。没有相关信息，供应链管理者很难下决策去协调供应链上的活动和流程，从某种程度上讲，就像"盲人开车"，必须依赖供应链上不同环节活动之间明显的不匹配（如过量库存）来引导决策。相反，如果拥有准确且"准实时"的信息，整合将变得可能，供应链能够获益而且惠及最终客户。同样重要的是，利用电子商务技术收集、分析和发布信息远没有传统的方法那样成本昂贵。表 6-3 总结了电子商务在供应链管理的三个重要方面的效果——业务和市场信息流、产品和服务流，以及现金流。

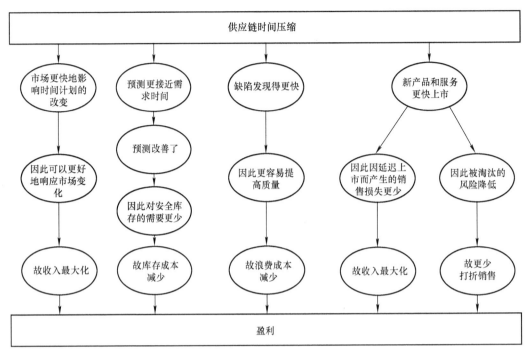

图 6-3　供应链时间压缩可以降低成本和增加收入

表 6-3　电子商务在供应链管理实践中的效果

	业务和市场信息流	产品和服务流	现金流
供应链的相关活动	• 了解客户需求 • 设计合适的产品和服务 • 需求	• 采购 • 库存管理 • 产能/等待时间 • 分销渠道	• 供应商支付 • 向客户开发票 • 客户收据
电子商务实践的有利效果	• 更好的客户关系管理 • 监控实时需求 • 在线定制 • 协调产出与需求的能力	• 更低的采购管理成本 • 更好的采购交易 • 减少牛鞭效应 • 更有效的分销渠道	• 现金流动更快 • 自动化的现金流动 • 财务信息与销售和运营活动整合

　　3）电子采购。电子采购（E-Procurement）是一个通用术语，用于表示在采购流程中的每个阶段都使用电子方式，包括从发现需求开始到付款，还可能包括合同管理。很多年来，电子手段都被业务用于确认采购订单和保证对供应商的付款。然而，随着互联网应用的迅速发展，采购行为发生了根本的变化，其中部分原因是通过互联网可以有效获得供应商的信息。由于寻找可选供应商变得更加容易了，互联网也改变了搜索流程的经济性，并提供了潜在的更广泛的搜索结果。这也改变了采购的规模经济效益。电子采购还可以更为高效，因为采购人员不用再去追逐采购订单及费心日常的行政事务。大多数的优势和时间的节省来自于信息重新录入工作量的减

少，也来自于与供应商互动关系的理顺，还来自于各种信息都包含在一套系统的中心数据库中。采购人员可以更快速、更高效地与供应商谈判。在线竞拍可以把谈判时间从几个月压缩到一两个小时甚至几分钟。

由于近十年来电子集市（Electronic Market Place）的发展，有时也称为信息中间商（Informediaries），或称为电子中间商（Cybermediaries），电子采购发展得很快。这些中介使得买方和卖方处于 B2B 的环境，并交换有关价格和供应方面的信息。这种中介可以分为私人、财团和第三方三类。

私人电子集市是指买方和卖方仅按预先安排与其合作伙伴和供应商在市场上开展业务。

财团电子集市是指几宗大业务合并在一起，形成由财团控制的电子集市。

第三方电子集市是指在某个产业内，由某一独立方为买方和卖方建立的没有偏向、由市场驱动的电子集市。

互联网是获取采购信息的重要来源，即便采购活动本身采用的是更为传统的方式。而且，即使很多业务因为使用了电子采购而获得了优势，但这并不意味着什么都应当使用电子购买。当业务需要购买非常大量的重要战略产品或服务时，谈判的额度可能数百万元甚至更多，这可能需要数月的商讨，并且可能需要提前一年安排交付。在这种情况下，电子采购可能并不适合。

4）物流与互联网。运输在与实体资产相关的供应链中是必需的。互联网沟通在供应链管理的这个领域有两个主要作用。第一是分销链上信息的可获得，这意味着组成供应链的运输公司、仓储、供应商和客户能够在任意给定时间共享事情进展的信息，这使得供应链内的运营能够更好地协调活动，获得显著的潜在成本节省。

互联网对物流的第二个作用在于供应链中"公司对客户"（B2C）的部分。近年来客户在线购物的数量剧增，绝大多数的货物仍然需要实体运输给客户。通常，早期电子零售商所遇到的主要问题是向他们的客户实际供货的订单履行（或实现）任务。导致这些问题的部分原因是许多传统的仓储和分销运营并不是为实现电子商务而设计的。供应传统的零售运营要求有相对大型的货车从仓储到商店运送相对大量的物品。向个体客户运送物品则是要求大量的小型交付。

5）信息共享。前面谈到的牛鞭效应所引起的产出波动的原因之一，就是供应链中的每个运营环节都是响应其直接客户的订单，运营中没有一个环节看到整条链上在发生什么的全景。如果信息在整条链共享，那么那种疯狂的波动可能就不会发生。因此，在整条供应链上传递信息就很重要了，所有的运营环节都能够监控到真实的需求，免于受到偏差的影响。

一种明显的改进方式是把最终客户需求传递给上游的运营环节。许多零售商所采用的电子销售点（Electronic Point of Sale，EPOS）系统就试图完成这项任务。来自结账或收银台的销售数据被整合之后传到库房、运输公司、供应商、厂家等形成供应链的运营环节。类似地，电子数据互换（Electronic Data Interchange，EDI）也有助于信息共享。EDI 还可能影响在供应链各个运营环节之间传递的电子订单数量。

6）渠道同步。渠道同步是指调整供应链运营的时间计划表、物料流动速度、库存水平、价格和其他销售策略，以使供应链上所有的运营环节相互一致。这远远超出了仅仅是提供信息的范围。渠道调整意味着计划和控制决策的系统和方法在整条供应链上都要协调一致。例如即使是在使用相同信息的时候，预测方法和采购行为的不同也会导致链条上运营环节之间的波动。

避免出现这种情况的一个方法是，由上游供应商管理下游客户的库存，这就是所谓的供应商管理库存（Vendor Managed Inventory，VMI）。举例来说，包装供应商可以负责手机制造客户所需的包装材料的库存。同样地，手机制造商负责其客户，如超市、电器商城等仓库里的手机库存量。

7. 新时代背景下的智慧供应链

党的十九大报告中指出，要在现代供应链领域培育新增长点，形成新动能。国务院办公厅印发《关于积极推进供应链创新与应用的指导意见》，提出打造大数据支撑、网络化共享、智能化协作的智慧供应链体系。

5G时代，新一轮科技革命和产业变革孕育兴起，信息技术、制造技术等与传统产业加速融合，大数据、云计算和人工智能与实体经济深度融合。通信行业发展正在经历从"增量为主"转向"增量与存量并重"的阶段，加速由消费互联向产业互联延伸，逐步形成核心网络生态链、政企物联网生态链、数字互联网生态链、新零售生态链等生态体系。

供应链管理一方面要依托新技术新应用推动数字化升级。我们要关注AI、物联网、云计算、大数据、区块链等新技术和应用的发展，实现供应链的全程可视、柔性协同、智慧运营、可持续发展，以智慧供应链促进管理数字化升级。另一方面，还要在转型升级中贡献供应链价值。新形势下，运营商转型升级迫在眉睫，行业外的互联网企业、制造企业、云服务商也在加快布局。我们要大力协同各行业和产业链上下游的合作伙伴，培育开放供应生态，打造供应链战略伙伴。

中国移动某分公司智慧供应链管理体系如图6-4所示。

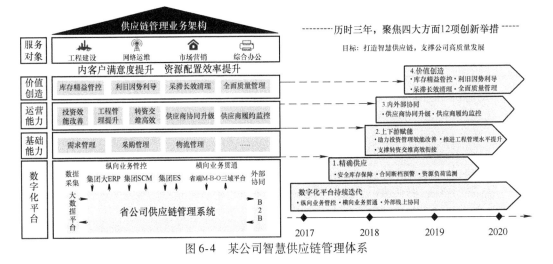

图6-4　某公司智慧供应链管理体系

6.2　信息通信供应商与合作伙伴管理概况

6.2.1　相关概念

信息通信供应商是指向企业或个人提供信息通信产品与服务的企业及其分支机构、个体工商户，包括制造商、经销商和其他中介商。

TMF 对于供应商、合作伙伴、供应链的定义如下。

TMF 对于供应商的定义是：供应商与信息通信企业交互，向企业提供产品和服务，企业将这些产品和服务进行组合，从而产生可以交付给客户的信息通信产品和服务。

TMF 对于合作伙伴的定义是：与信息通信企业以业务合同的形式极大地共享利润和分担风险的实体，合作伙伴可能是联盟的一部分，也可能与信息通信企业联合提供信息通信产品和服务套餐。

TMF 对供应链的定义则比较简单明了：供应链是指用于提供产品和服务的实体和流程（包括那些企业的外部实体），用于向最终客户提供产品和服务。

如果追溯到信息通信发展的初期，我们不难发现，那个时期的供应链极为简单。而如今，在全业务运营、移动互联网普及、网络大融合的背景下，信息通信产业转型，产业涉及领域不断拓展，产业链不断延伸。这使得信息通信产业链呈现跨行业发展的趋势，各个环节的相关企业根据自身优势资源向上下游不断扩张，产业分工更加专业化、精细化、复杂化，并推动客户的体验升级。在推进过程中，在市场发展和技术演进的双重驱动下，信息通信产业链在不断延伸，产业链从单一链条形式逐渐发展成复杂的网状结构。在这个过程中，信息通信产业链上下游环节相互渗透，界限也日益模糊，并与其他产业链相融合。在融合过程中，同样在市场和技术的双重驱动下，产业链条相互交错，上下游分工细化，逐步形成较复杂的网状结构关系，同时逐渐形成复杂的信息通信产业生态系统，即网络型产业链，如图 6-5 所示。

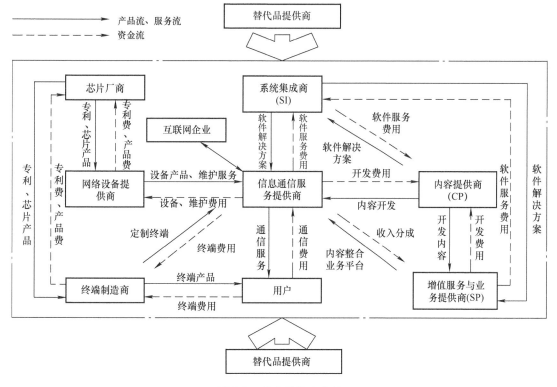

图 6-5　信息通信产业链

信息通信服务提供商在这样的网状产业链中很有可能成为用户与终端制造商之间的新平台。所以，信息通信服务提供商的基础设施平台作用将越来越明显，网络产业特征更为突出，双边市场特征也更为显著。网状结构的信息通信产业链的参与主体越来越丰富，主要有信息通信服务提供商、服务/内容提供商、硬件设备/软件提供商、监管机构、用户五大环节。其中，信息通信服务提供商包括基础电信运营商和虚拟运营商；硬件设备/软件提供商包括终端制造商、网络设备提供商、芯片厂商、系统集成商；服务/内容提供商包括内容狭义的增值服务与业务提供商、内容提供商、互联网企业。

6.2.2 供应链开发管理

供应链是一个复杂的关系网，信息通信服务提供商要在其中管理产品的来源和交付。在数字服务世界里，企业越来越多地与供应商/合作伙伴（协作团体、联盟和业务生态系统）打交道，以便拓宽企业的产品范围，提高产能。供应链开发管理的目的在于保证挑选到最好的供应商/合作伙伴，使其成为企业供应链的一部分，这有助于支持企业做出的购买决策，保障企业与供应商/合作伙伴在交互合作方面的能力就位，此外还要保障供应商/合作伙伴对供应链的贡献随时可得，能提供所需要的支持，并且它们的总体贡献要等同或高于垂直集成的企业。

1. 供应链战略与规划

供应链战略与规划职能流程要制定企业的供应链战略和政策，以及企业与供应商/合作伙伴交互的政策，比如企业决定要外包其移动网络的供应。战略与承诺职能流程，连同基础设施和产品生命周期管理职能，都要推动供应链战略和规划职能流程。

信息通信供应链战略与规划职能又可分解为如下职能：供应链信息收集与分析、供应链战略与目标设定、供应链支持战略制定、供应链业务规划产生等。

2. 供应链能力提供

供应链能力提供职能流程组群要管理对新供应商/合作伙伴的评估，决定拥有哪些产品和服务的供应商/合作伙伴最能满足企业的需要。供应链能力提供的职能包括发起和完成与供应链之间的商业协议，保障企业所要求的业务和技术能力的提供。比如通过这些职能流程，企业可能与5G移动网络的供应商签署合约，在供应商与企业的IT系统间建立联系，为开发某些特殊流程或产品做好准备等。另外的例子，比如在企业与个人计算机或办公用品设备的供应商之间订立供应合约。供应链能力提供职能需要管理基础设施要素、耗材等的采购，以支持企业所需的能力需求，要评估和挑选新供应商/合作伙伴，确定它们具有满足企业特殊需要（基础设施、耗材等）的最好能力，要在选中的供应商/合作伙伴之间建立商业安排，要管理撰写招标文档的相关活动，运行招标流程，获取企业对招标决策的同意，根据招标决策安排商业谈判。

在完成了合同安排之后，还要管理合同中的产品和服务（基础设施、耗材等）的供应，或者根据企业的相关政策和实践保障其他职能流程能够就合同提出条件（如实现具体职能流程）。对供应的管理包括所需产品和服务供给的跟踪，与供应商/合作伙伴就任何延期或相关问题进行商谈，以及进行供应完成后的验收。

关于采购活动的招标流程不仅可用于管理不同类型的基础设施的采购，还可用于外包招标流程，以及业务活动中所需商品物件的采购。采购的职责实际上有多大取决于所采购物件的价值这类因素。要注意的是，作为运营商之间行业管制合约的一部分，这些职能还可用于企业与竞争对手之间的谈判合约的订立。而信息通信供应链能力提供职能可分解为如下职能：采购需求确定、潜在供应商/合作伙伴确定、招标流程管理、招标决策审批获得、商业安排谈判、商业安排审批获得。

3. 供应链开发与变化管理

供应链开发与变化管理职能包括支持供应链的开发，支持业务目录的扩展或修改。新供应商可能被要求扩展其业务，以便信息通信服务提供商提供给客户，以改善绩效，或为了满足外包需求等。这些面向项目的职能要确定新供应商或合作伙伴，同时与供应商或合作伙伴共同制定合约并实施。此外，还要驱动供应链的自动化和变化管理，比如可能会需要的新的/改进的流程、IT 应用，这样移动号码携带业务可在移动网中提供。供应链开发与变化管理职能需要管理企业与选中的供应商/合作伙伴之间的现行商业安排和流程，管理基于商业协议商定的有关可交付物规范、定价和交付时间表的周期性合约。

此外，企业与供应商/合作伙伴之间的端到端商业流程、交付流程和运营流程也需要监控、回顾和变更，以提高它们的有效性。

信息通信供应链开发与变化管理职能可分解为如下职能：供应商/合作伙伴契约管理、供应链合同变化管理、供应商/合作伙伴终止管理、供应商/合作伙伴合约订立、供应商/合作伙伴合约终止。

4. 供应商/合作伙伴能力开发与退出

供应商/合作伙伴能力开发与退出职能包括管理从外部供应商或合作伙伴购买来的业务能力的生命周期。这些生命周期活动是按照企业业务模式的要求，分为供应商/合作伙伴购买的能力上限或下限。

6.2.3　合作伙伴关系管理

供应商合作伙伴关系是企业与供应商之间达成的高层次的合作关系，它是指在相互信任的基础上，供需双方为了实现共同的目标而采取的共担风险、共享利益的长期合作关系。而信息通信供应商与合作伙伴关系管理，即通过双方协商达成的有效管理和协调资源的方式，使得双方企业在运行过程中可以降低成本、提高效率、增加利润，并且有效提升信息通信企业在行业中的竞争优势，获得战略上的先机。

1. 信息通信供应商与合作伙伴关系管理的重要性

主要体现在以下几个方面。

- 可以缩短供应商的供应周期，提高供应的灵活性。
- 可以降低企业的原材料、零部件的库存水平，降低管理费用、加快资金周转；提高原材料、零部件的质量。
- 可以加强与供应商的沟通，改善订单的处理过程，提高材料需求的准确度。
- 可以共享供应商的技术与革新成果，加快产品开发速度，缩短产品开发周期。
- 可以与供应商共享管理经验，推动企业整体管理水平的提高。

2. 以华为公司为例

2021 年 5 月 17 日，在华为中国生态大会 2021 上，华为轮值董事长徐直军表示，为适应数字化转型的要求，华为公司计划变革现有伙伴关系，打造真正的能力型伙伴关系。2011年，华为公司成立了面向政企客户的企业BG，到现在已经走过十个年头。在众多伙伴的支持下，2020年华为公司企业业务的收入历史性地跨越了1000亿元，达到了1003亿元，合作规模超过1亿元的伙伴已经达到132家。

华为公司变革目前的合作伙伴体系，目标是从通路型伙伴为主向能力型伙伴体系转变。实事求是来讲，这些年进展不大。特别是在数字化转型方面，相关合作伙伴的能力与客户的期望、客户的需求相比，差距不是更小了，而是更大了。

徐直军表示，在这种情况下，需要重新来思考能力型伙伴体系，也就是如何变革现有合作伙伴体系，又如何建设能力型伙伴体系。

关于从通路型伙伴为主向能力型伙伴体系转变，华为公司正在重新设计、优化面向未来的评估和定级体系，将据此对伙伴能力进行评估和定级；其次，基于对伙伴能力的评估和定级，制定合作策略，让能力强的伙伴获得更多机会与支持。建立流程机制，保障伙伴能力投入获得相应回报，形成商业正循环，也就是说，能力强、贡献大的伙伴，获得的项目和激励多；能力弱、贡献小的伙伴，获得的项目和激励少。

同时，华为公司也将采取一些措施，帮助伙伴提升能力，主要包括：华为公司各级组织都将设立专门的队伍对伙伴能力提升负责，由EBG伙伴部门负责统筹管理；为使伙伴数字化和效率提升，华为公司要做好面向伙伴的通用工具，持续将数字化能力延伸到伙伴；华为公司与伙伴都要坚持以客户为中心，共建以客户为中心的文化与机制；强化以规则保障，以机制守护规则，以监督维护公正，共建良性健康秩序。

6.3 信息通信企业供应链管理概况

6.3.1 信息通信企业供应链管理组织架构图

电信运营企业供应链管理涉及需求部门、采购实施部门、采购小组、采购管理中心、采购监督部门、物流管理中心及公司决策机构，其中省公司采购管理中心和物流管理中心是整个公司供应链的具体管理部门，负责公司供应链物料的编码管理、供应商及采购价格管理、采购计划编制、招投标管理、采购业务、仓储管理、物流与配送等业务，具体如图6-6所示。

6.3.2 信息通信企业供应链管理特性

电信供应链与传统行业有很大的区别：大多数传统生产制造流程都是从最开始原料的采购到生产制造，再分销发给零售商，并最终将成品销售给用户，物流存在于这系列流程中的每一个环节。就电信供应链而言，设备供应商和终端供应商与电信运营商之间存在着物流的交换。而除了有形的物流交换之外，电信供应链也传递着无形的信息产品，特殊的供应链性质也决定了电信供应链管理和传统行业的供应链管理有着不同之处。

库存管理特性：库存问题是所有生产制造厂商都非常重视的问题，而在供应链中，由于存在着供需不确定、信息不对称和牛鞭效应等因素，为了缓解和消除这些不确定的因素，供应链上各

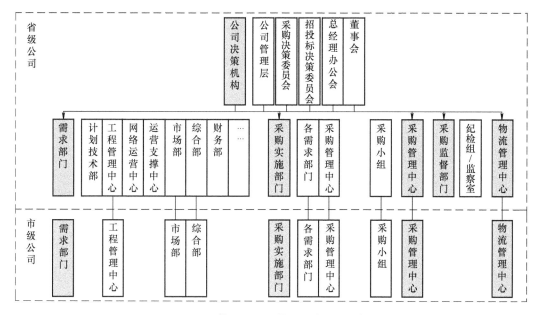

图 6-6　电信运营企业供应链管理组织架构

个成员都建立了自己的库存策略，可以说，库存普遍存在于整个供应链中。从最开始的原料的囤积到半成品以及成品的制造，供应商和制造商都会将库存保持在一定水平，但过多或过少的库存都会给企业来损失，因此，企业要保证库存在一定水平，既要保证不会给企业带来缺货损失，又要控制库存成本。目前较为常见的库存策略有：安全库存策略、季节性库存策略等。在库存周期内，库存是不断减少的，需要企业合理地进行补货来维持适当的库存水平，通常订货周期和订货数量以及需求水平都会影响库存决策。对于电信供应链来说，并没有传统行业的成品半成品等实质产品的概念，但作为信息产品的载体，电信业的库存则是指其网络所能覆盖的容量和范围，过多过大的网络覆盖也由于"信息"过剩而导致浪费。

生产与消费的同时性：生产和消费是供应链中两个基础环节，上游的生产制造商从供应商获得原材料，并将原材料制造成可消费的成品或半成品，通过精加工将产品提供给消费者。而电信产业区别于传统的生产制造业，当运营商生产出信号的时候也是用户访问基站的时候，因此电信业的生产过程和消费过程是在同一时刻产生的。

传统企业在供应链中都会通过一些期权合约来约束供应链，如回购契约、共享收益契约等。但由于电信供应链的产品是信息，数量上无法量化，传统的期权合约无法直接应用在电信产业上，因此需要通过流量分成等方法来实现不同成员之间的利益分配。同时，电信运营商作为供应链中的核心成员，与服务提供商、内容提供商的合作也至关重要，众所周知，电信运营商除了输出虚拟的产品之外还提供了信号所需的信道，如何不让自身沦为"管道"，以及更高效地提高信道效率是电信运营商关心的关键问题。此外，电信供应链中收益节点从中游逐渐延伸到下游，运营商也从服务为王的运营模式发展成终端服务两手抓的模式，因此，如何平衡产业链的两端使得整个供应链更加扁平、更有竞争力是运营商下一步最为关心的重点。

6.4 本章总结

供应链是指产品生产和流通当中，以制造业企业为核心，以供求为本质，通过整合资源的方式，把上下游多个主体串起来形成的网链结构，为顾客提供快速灵活、高效的支持和服务。供应链管理的重要性主要体现在有助于把握竞争态势、有助于发现供应链中的重要环节、有助于着眼长远利益、有助于降低成本。信息通信领域将供应定义为供应商与信息通信企业交互，向信息通信企业提供商品和服务，信息通信企业将这些商品和服务进行组合，从而产生可以交付给客户的信息通信产品和服务。合作伙伴的定义是指与信息通信企业以业务合同的形式极大地共享利润和分担风险的实体，合作伙伴可能是联盟的一部分，也可能与信息通信企业联合提供信息通信产品和服务套餐。信息通信供应商与合作伙伴关系管理即是通过双方协商达成的有效的管理方式和资源协调，使得双方企业在运行过程中降低成本、提高效率、增加利润，并且有效提升信息通信企业在行业中的竞争优势，获得战略上的先机。特殊的供应链性质也决定了电信业供应链管理和传统行业的供应链管理有着不同之处，其中信息通信企业供应链管理特性包括库存管理特性、生产与消费的同时性。

1. 课后思考

1）什么是供应商与合作伙伴？什么是供应链、价值链与供应网？

2）供应链设计要考虑哪些方面？供应关系类型有哪些？

3）供应链的动态效应中所提到的牛鞭效应与我们生活中常提到的蝴蝶效应有什么区别？

4）供应链管理的重要性主要体现在哪些方面？如何衡量和改善供应链的绩效？

5）信息通信领域中的供应商与合作伙伴是如何定义的？

6）当代信息通信产业链是如何构成的？试着用图示说明。

7）如何开发和管理信息通信供应链？

8）如何管理信息通信供应商与合作伙伴的关系？

9）信息通信企业的供应链管理有什么特性？

2. 案例分析

2022年7月31日，南天信息公司在互动平台表示，该公司与华为公司建立了长期的战略合作伙伴关系，其是华为公司的一级经销商和重要的ISV（独立软件开发商）战略合作伙伴，也是华为公司在大数据、CSP五钻（数通＆安全）方面的认证服务商（华为最高级别的服务商认证）。南天信息公司有着丰富的客户群体，该公司与华为公司的合作领域主要集中在金融行业、数字政府、数字城市等领域，并在IaaS、PaaS和SaaS层面发挥各自优势和能力，共同拓展市场、共同建立及培养专业人才体系。南天信息公司的场景设计优势和软件开发优势，与华为公司的硬件产品优势深入结合，双方联合推出智能双录及质检系统平台、智能移动外拓系统、党建宝等创新解决方案和产品，并采用大数据、机器视觉、智能媒体视频及无线通信技术，为行业应用智慧化转型提供数字化助力。

思考：

通过案例分析华为公司是如何利用自身在通信技术上的优势，在不同领域做出贡献的？

3. 思政点评

华为崇尚"狼性"文化。狼有三大特性：一是群体奋斗的意识；二是不屈不挠、奋不顾身的进攻精神；三是敏锐的嗅觉。所以信息通信企业做好与各个合作伙伴之间的管理，也是极为重要的环节之一。

第 7 章

信息通信资源管理

行业动态

- 2023 年 4 月 25 日，2023 移动云大会"新型算网资源布局"论坛盛大召开，论坛围绕算网资源建设和产业发展趋势等主题进行深入探讨，邀请产业专家和企业合作伙伴从我国算力布局、网络建设、数据中心节能等方面进行了政策解读、技术分享。
- 2023 年 11 月 22 日，中国铁塔在北京召开的首届科技创新大会上，陆建华院士表示要复用铁塔资源，构建"广域视联网"服务底座。

本章主要目标

在阅读完本章之后，你将能够回答如下问题：

1）关于信息通信资源的概念——什么是信息通信资源？信息通信资源有哪些不同的类型？

2）关于信息通信资源管理——信息通信资源管理的主要职能有哪些？信息通信资源管理是怎样分类的？信息通信资源管理的对象、目标是什么？

3）关于信息通信能力需求管理——信息通信能力规划的方法和步骤是什么？

4）关于信息通信资源建设管理——信息通信资源建设项目的管理是否采用项目管理的一般方法？如何达到工程管理的目的？

5）关于信息通信资源运维管理——信息通信资源的运行维护分为几个层次？

信息通信资源管理是为实现企业的经营目标，对信息通信资源进行计划、组织、分配、协调和控制的管理活动。随着信息、通信技术的发展和市场格局与业务的迅速变化，信息通信企业的运营资源种类向着更加丰富化、多样化发展，信息资源管理越来越趋向于更加灵活的资源、高效的应用和经营管理模式方向的变化，给我们的传统认知带来挑战。

因此，本章将综合介绍信息通信资源的定义、类型，信息通信资源管理，信息通信能力需求管理，信息通信资源建设管理和信息通信资源运维管理等内容。

7.1　信息通信资源概述

7.1.1　信息通信资源定义

1. 资源的定义

资源指的是一切可被人类开发和利用的物质、能量与信息的总称，它广泛存在于自然界和人类社会中，是一种自然存在物或能够给人类带来财富的物质。或者说，资源就是指自然界和人类社会中一种可以用来创造物质财富和精神财富的具有一定量的积累的客观存在形态。资源的来源及组成，不仅是自然资源，而且还包括人类劳动的社会、经济、技术等因素，还包括人力、人才、智力（信息、知识）等资源。

现代管理学意义上，企业经营所需要的资源是企业所控制或拥有的要素的总和。根据资源学派的观点，企业核心竞争力是建立在资源的基础上的，企业内部资源的属性、资源的配置和组合都会对核心竞争力产生重要的作用。

2. 信息通信资源的定义

电信企业资源是电信企业所控制和拥有的要素的总和，包括电信网络、频率、号码、卡类、营业网点、局站、企业 IT 系统、运输工具等。电信企业的信息通信资源是电信企业资源的一个最重要的部分，具有很强的独特性，本章主要针对信息通信资源。电信企业的信息通信资源包含电信企业为客户提供产品和服务所需的所有资源，包括应用、系统和网络（例如电信网络、IT 支撑系统、服务器、路由器等），也包括通信资源、工作资源和营销渠道资源。通信资源是能提供或支撑通信或信息服务的，已投入运行和确定建设的网络元素的总和，它还包含企业所用资源（网元、计算机、服务器等）。

7.1.2　信息通信资源分类和内涵

1. 信息通信资源的分类

信息通信资源从有形、无形角度，可划分为物理资源、逻辑资源；从技术角度，可划分为网络资源、IT 资源等；本章主要从物理和逻辑资源的视角来介绍信息通信资源（见图 7-1）。

物理资源：泛指各种硬件设备或者设施构成的有形资源，是信息通信资源行使职能、提供通信/信息服务能力的物质基础。包括各类局内物理资源（网络设备资源、IT 设备资源、连接设备资源、局内缆线资源）和局外物理资源（管道资源、杆路资源、电缆资源、光缆资源以及其他管线资源）。

逻辑资源：是指除物理资源之外的、无形的通信资源和信息服务资源。本章对逻辑资源的内容进行了拓展，将内容和应用也纳入其中，例如时隙、逻辑端口、网络拓扑连接关系、设备间的逻辑连接关系、码号（号段、信令点、VPN ID 等）等资源。因此逻辑资源包括电路资源、话务量资源、频率资源、码号资源、卡类资源、IP 地址资源、各种业务以及内容资源等。

2. 物理资源

物理资源包括局内物理资源和局外物理资源，主要分为设备资源和管线资源。

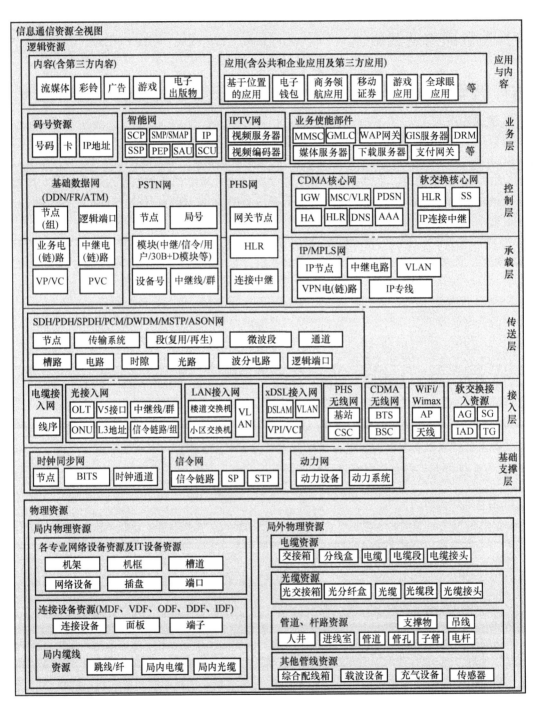

图 7-1　信息通信资源系统全视图

（1）局内物理资源

局内物理资源主要包括网络设备资源及 IT 设备资源、连接设备资源和局内缆线资源。

网络设备是指进行信号处理和交换的设备（如交换机、路由器等）；连接设备是指不进行信号处理，只是把不同的线资源连接起来的设备（如 MDF、ODF 等）。绝大多数设备以机架的方式存放，机架放置在机房内划分好的机位上。网络设备安放在机架上，一个机架上可放置多个网络设备，网络设备大多数是机框的形式。连接设备一般就是整个机架。网络设备中有多个插槽，插槽上面有板卡（即机盘），板卡上面有端口，端口用来和光纤或电缆线对等线设施相接。网络设备的各种资源之间的关系如图 7-2 所示。连接设备就是配线机架，上面有多个连接机框（即列框），列框上面有多个模块，模块上面有多个端子，端子用来和光纤或电缆线对等线设施相接。连接设备的各种资源之间的关系如图 7-3 所示。

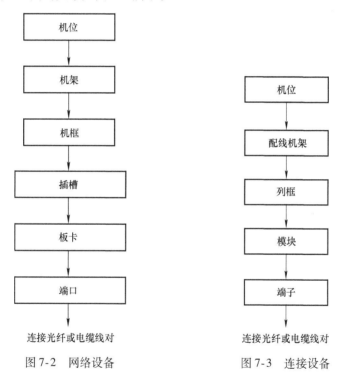

图 7-2　网络设备　　　　　图 7-3　连接设备

（2）局外物理资源

局外物理资源包括管道资源、杆路资源、光缆资源、电缆资源以及其他的管线资源。

管道、杆路资源包括人井、管道闸、管道段、管孔、子管、管群、电杆/撑点、杆路、杆道段、线担、线位、引上点等资源。

电缆资源包括配线架、电缆、交接箱、分线盒、直接头、分歧接头等。

光缆资源包括光纤配线架、光缆、光交接箱、光分纤盒、光缆直接头、光缆分歧接头等。

1）管道、杆路资源。管道、杆路资源是用来承载敷设光缆电缆资源的管道段、人井、管道闸、电杆等资源。对光缆/电缆资源起承载、保护的作用。管道、杆路连接不同的各个机房，形成网状的结构，并延伸连接至各个用户群；在管道、杆路中敷设的光缆/电缆连接机房内的设备，形成网状的结构，并延伸至各个用户群。

管道资源之间的关系为，管道段通过管道闸进入机房，多个人井将多个管道段连接成管道，管道段内有管孔，多个管孔组成管群，管孔内有子管，光缆/电缆就通过穿管敷设在管孔或子管内，在管孔或子管内敷设的光缆/电缆通过引上点，由地下转为地上架空敷设，开始敷设在杆路上。

杆路资源之间的关系为，引上点也是电杆的一种，不过是用来表述把光缆/电缆从地下转为地上的情形。电杆上面有一个或多个线担，线担上面有多个线位，多个电杆组成杆路，两个电杆之间的部分称为杆道段，电杆之间用来承挂线缆的钢线/铝线/铁线叫作吊线。光缆/电缆就是通过占用线位在杆路上进行敷设的。

其关系如图 7-4 表示。

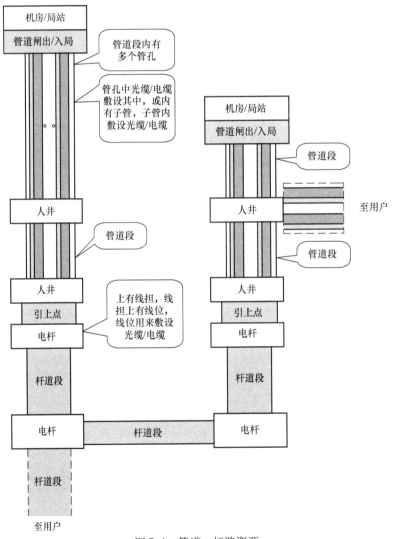

图 7-4　管道、杆路资源

2）光缆资源。光缆资源是连接不同局站的机房设备，或相同机房内的机房设备，以及从机房设备到终端用户的，用来传递光信号的资源的集合。

光缆资源主要用于长途光传输和光纤接入方面，以实现长途交换业务的传送和光纤接入业务传送，其主要资源包括 ODF 配线架、光交接箱、光分纤盒、光缆段、光缆、光缆纤芯、光缆盘留和光缆预留等。

光缆网资源的连接关系和电缆网资源的连接关系基本相同。不过光缆网资源的配线架是 ODF，交接箱为光交接箱，接头为光接头，终端盒为光分纤箱，线设施是光缆段、光缆，内有光缆纤芯；传递的是光信号；也分为主干光缆、直配主干光缆、配线光缆、楼间光缆、级联光缆。

光缆网的连接拓扑有三种结构，分别为总线型、环形和星形。

3. 逻辑资源

逻辑资源：是指除物理资源之外的、无形的通信资源和信息服务资源。逻辑资源包括电路资源、话务量资源、频率资源、码号资源、卡类资源、IP 地址资源、各种业务以及内容资源等。本文重点介绍频率资源、码号资源、卡类资源、IP 地址资源等内容。

（1）频率资源

频率资源是无线通信不可或缺的资源，无论是开发产品，还是研究无线技术，都离不开频率资源，国际上对频率资源也有规定和划分。国际电信联盟是主管信息通信技术事务的联合国机构，负责分配和管理全球无线电频谱。在我国，工业和信息化部无线电管理局负责民用无线电频谱资源的管理。无线电频谱是一种特殊的自然资源，我国《民法典》已经明确规定无线电频谱资源属于国家所有，不仅我国如此，全球其他国家也是如此。它以立法形式非常明确地表明，无线电频谱资源的所有权属于国家，不是任何人都可以随意使用的，在现行的管理中，要经过一定的行政管理许可程序后，方可获得使用权（在我国任何时候任何情况下都是不能获得所有权的）。

电磁频谱中 3000GHz 以下的才称为无线电频谱。根据无线电波传播及使用的特点，国际上将其划分为 12 个频段，而通常的无线电通信只使用其中的第 4 到第 11 个频段，详见表 7-1。

表 7-1　无线电频谱的频段

名称	甚低频	低频	中频	高频	甚高频	特高频	超高频	极高频
符号	VIF	IF	MF	HF	VHF	UHF	SHF	EHF
频率	3～30kHz	30～300kHz	0.3～3MHz	3～30MHz	30～300MHz	0.3～3GHz	3～30GHz	30～300GHz
波段	甚长波	长波	中波	短波	米波	分米波	厘米波	毫米波
波长	100km～10km	10km～1km	1km～100m	100m～10m	10m～1m	1m～0.1m	10cm～1cm	10mm～1mm
传播特性	地波为主	地波为主	地波与天波	天波与地波	空间波	空间波	空间波	空间波
主要用途	海岸潜艇通信；远距离通信；超远距离导航	越洋通信；中距离通信；地下岩层通信；远距离导航	船用通信；业余无线电通信；移动通信；中距离导航	远距离短波通信；国际定点通信	电离层散射通信（30～60MHz）；流星余迹通信；空间飞行体通信；移动通信	小容量微波中继通信（352～420MHz）；对流层散射通信（700～1000MHz）；中容量微波通信（1700～2400MHz）	大容量微波中继通信（3600～4200MHz、5850～8500MHz）；数字通信；卫星通信；国际海事卫星通信（1500～1600MHz）	气象雷达、空间通信、天文等通信；波导通信

无线电移动业务大致分为陆地移动业务、水上移动业务、航空移动业务三类。其中，陆地移动业务应用最广泛。我国根据国际无线电规则频率划分，将陆地移动业务频率分别分配用于专用无线电移动通信系统（网络）和公众移动通信系统（网络）。专用无线电通信系统大量用于军队、公安、急救等部门，也广泛用于生产调度、内部通信等。

我国公众移动通信的频率划分见表7-2。

表7-2 我国公众移动通信的频率划分

运营商	上行频率 /MHz	下行频率 /MHz	频宽 /MHz	合计频宽 /MHz	制式	
中国移动公司	890～909	935～954	19	279	GSM900	2G
	1710～1725	1805～1820	15		DCS1800	2G
	1880～1920	2010～2025	15		TD－SCDMA	3G
	2300～2400		100		TD－SCDMA	3G
	1880～1900 2320～2370 2575～2635	1880～1900 2320～2370 2575～2635	130		TD－LTE	4G
中国联通公司	909～915	954～960	6	81	GSM900	2G
	1745～1755	1840～1850	10		DCS1800	2G
	1940～1955	2130～2145	15		WCDMA	3G
	2300－2320 2555～2575	2300～2320 2555～2575	40		TD－LTE	4G
	1755～1765	1850～1860	10		FDD－LTE	4G
中国电信公司	825～840	870～885	15	85	CDMA	2G
	1920～1935	2110～2125	15		CDMA2000	3G
	2370～2390 2635～2655	2370～2390 2635～2655	40		TD－LTE	4G
	1765～1780	1860～1875	15		FDD－LTE	4G

从上述分配情况可以看出当时在3G频谱资源的划分上，国家显然在频谱资源上对TD－SCDMA倾斜（见图7-5）。从技术来说，TD－SCDMA适合非对称业务，频率利用率远高于WCDMA和CDMA。另外，TD－SCDMA获批的一个频段比其他两个制式更低，而频段越低，对终端的功耗越小。

无线电频谱资源作为一种稀缺的、不可再生亦不可耗竭的公共资源，如何有效利用和合

图7-5 TD－SCDMA

理分配，从而实现其经济价值和使用效率的最大化成为当前国际上的研究热点。无线电应用的基础和前提是频谱资源的可用性，各国无线电频谱政策走向对无线电新技术的应用具有重要的导向作用。在全球无线电技术飞速发展的今天，各国无线电管理机构面临的主要问题是：频谱资源稀缺而无线电应用需求巨大，频谱需求和供应之间矛盾日益突出；同时，频谱利用不合理，整体频谱利用效率低下。解决频谱资源紧缺问题的根本途径是采用高效频谱利用技术。一方面，各国纷纷研究、开发频谱利用率高的技术，如动态频率分配、频谱共享、认知超宽带（CUWB）等技术；另一方面，淘汰频谱使用效率较低的技术，取而代之的是带宽利用效率更高的技术。美国《频谱政策改革执行备忘录》明确提出，新的频谱管理政策应有利于包括美国国内广泛应用的宽带业务在内的、基于频谱的新技术和新业务的应用。另外，世界各国都在积极促进模拟广播电视向数字广播电视的转变。

国际频谱分配策略走向有偿化、多样化、市场化。国际上目前主要的频谱分配方式除行政审批外，还包括拍卖、招标、"抽奖"等方式。预计对频率进行拍卖将成为各国主要的频率分配方式，"有偿分配"是频谱分配政策的必然趋势。英国最早提出引入频谱定价、频谱拍卖来选择用户以及引入频谱贸易等建议，英国 2006 年提出在频谱分配过程中采取"技术中立"的原则，提倡由竞争激烈的市场对无线频段上的技术进行重新选择，并得到了欧盟的支持。此做法从政策层面加快了频谱利用技术优胜劣汰的自然选择过程。

政府通过行政手段加强对已售频谱利用率的监督，与市场机制相结合，共同建立更有效的频谱使用的激励和惩罚机制，以保证频率资源得到有效利用。频谱拍卖出去后，如果放任自流、不加监管，同样达不到提高频谱利用率的目标。因此，包括美国在内的一些国家制定了频率计划和审查制度，定期收回一些利用率不高的频谱，以用于频谱利用率更高的技术。大多数国家对频谱执照的作用期限都有一定限制，通常是 15 年，有的国家规定在此期间频谱执照不得转让。在发放频谱执照时往往对运营商设置了一定的约束性条件，例如运营商若在特定期限内没有有效地使用频谱（如网络规模没有达到一定指标），管理部门有权对运营商进行处罚甚至收回执照。除此之外，各国无线电管理机构一般还要确保领到频谱执照的企业的信号不干扰其他信号，并将这些频谱用于公众利益。

（2）码号资源

码号资源包括固定电话网码号、移动通信网码号、数据通信网码号、信令点编码。

1）固定电话网码号：长途区号、网号、过网号和国际来话路由码。

① 国际、国内长途字冠。

② 本地网号码中的短号码、接入码、局号等。

③ 智能网业务等新业务号码。

2）移动通信网码号

① 数字蜂窝移动通信网的网号、归属位置识别码、短号码、接入码等。

② 卫星移动通信网的网号、归属位置识别码、短号码。

③ 标识不同运营商的代码。

3）数据通信网码号

① 数据网的网号。

② 网内紧急业务号码、网间互通号码。

③ 国际、国内呼叫前缀。

4）信令点编码

① 国际 No.7 信令点编码。

② 国内 No.7 信令点编码。

工业和信息化部根据国际电信组织的相关建议，以及电信网网络、技术、业务发展和码号资源的使用情况，组织编制全国码号资源规划。各省、自治区、直辖市通信管理局依据工业和信息化部制定的码号资源总体规划来组织编制授权管理行政区域内码号资源使用规划。工业和信息化部代表国家向国际电信组织或其他有关机构申请码号资源，提出国际码号资源修改、分配建议。工业和信息化部授权的机构在向国际电信组织或其他有关机构申请码号资源，或提出国际码号资源修改、分配建议时，应当向工业和信息化部备案。需要跨省、自治区、直辖市行政区域范围使用的码号，应当向工业和信息化部提出申请。在省、自治区、直辖市行政区域范围内使用的码号，应当向当地省、自治区、直辖市通信管理局提出申请。

码号资源归国家所有。国家对码号资源实行有偿使用制度。随着电信市场逐步开放，电信业务的迅猛发展，在多运营商的市场竞争环境下，我国电信网码号资源的紧缺局面进一步加剧。为了有效缓解电信网码号资源的紧缺局面，合理配置资源，需要引入经济手段来加以调节。通过适当收费，可以更合理地配置资源，提高码号资源的使用效率。2004 年年底，《电信网码号资源占用费征收管理暂行办法》和《电信网码号资源占用费标准》的发布，标志着我国电信网码号资源管理迈入了经济调节的新阶段。工业和信息化部负责全国码号资源的统一管理工作。省、自治区、直辖市等通信管理局在工业和信息化部授权范围内，依照该办法的规定，对行政区域内的码号资源实施管理。国家对码号资源的使用和调整实行审批制度。未经工业和信息化部以及省、自治区、直辖市等通信管理局（以下合称"电信主管部门"）批准，任何单位或者个人不得擅自启用和调整码号资源。

（3）卡类资源

电信卡分为智能卡、普通电信卡两类。智能卡包括普通智能卡与定制业务卡。普通电信卡包括有价电信卡和非有价电信卡。

普通智能卡分为 SIM 卡、USIM 卡、PIM 卡。定制业务卡按照用户群分为专用于集团用户行业应用的定制业务卡，专用于公众用户的定制业务卡以及行业用户与公众用户共用的定制业务卡。

有价电信卡按功能分为充值缴费卡和电话卡。充值缴费卡是指全国通用充值缴费卡（一卡充）；电话卡包括 IC 公话卡、IP 电话卡和密码记账卡。非有价电信卡是指客户会员卡等。

电信卡按使用范围还可分为三类：全国漫游卡、省内漫游卡、本地卡。按卡体形式还可分为实体卡和电子卡。

（4）IP 地址资源

IP 地址是指互联网协议地址（Internet Protocol Address）或网际协议地址，是 IP 提供的一种统一的地址格式，它为互联网上的每一个网络和每一台主机分配一个逻辑地址，以此来屏蔽物理地址的差异。IP 地址被用来给互联网上的计算机编号。每台联网的计算机都需要有 IP 地址才能正常通信。我们可以把"个人计算机"比作"一台电话",那么"IP 地址"就相当于"电话号码",而互联网中的路由器,就相"当于电信局"的"程控式交换机"。

互联网名称与数字地址分配机构(The Internet Corporation for Assigned Names and Numbers,ICANN)成立于 1998 年 10 月,是一个集合了全球网络领域商业、技术及学术等专家的非营利性国际组织,其负责 IP 地址的空间分配、协议标识符的指派、通用顶级域名(Generic Top Level Domain,gTLD)及国家和地区顶级域名(Country Code Top Level Domain,ccTLD)系统的管理,以及根服务器系统的管理。作为一个公私结合的组织,ICANN 致力于维护互联网运行的稳定性,促进竞争,并广泛代表全球互联网组织,以及通过自下而上和基于一致意见的程序来制定与其使命相一致的政策。

工业和信息化部负责我国域名、地址等公共通信资源的分配与管理。中国互联网络信息中心(China Internet Network Information Center,CNNIC)于 1997 年 6 月 3 日组建,现为工业和信息化部直属事业单位,行使国家互联网络信息中心职责。CNNIC 以国家互联网注册机构(National Internet Registry,NIR)的身份成为亚太互联网络信息中心(Asia Pacific Network Information Center,APNIC)的联盟会员,并成立了以 CNNIC 为召集单位的 CNNIC IP 地址分配联盟,如图 7-6 所示。

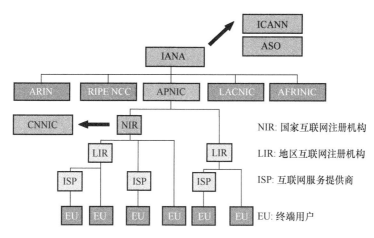

图 7-6 CNNIC IP 地址分配联盟

IPv4 是互联网协议(Internet Protocol,IP)的第四版,也是第一个被广泛使用,构成现今互联网技术的基石的协议。IP 地址是一个 32 位的二进制数,其通常被分割为 4 个"8 位二进制数"(也就是 4B),通常用"点分十进制"表示成(a. b. c. d)的形式,其中,a、b、c、d 都是 0~255 之间的十进制整数,例如 159. 226. 1. 1。最初设计互联网时,为了便于寻址以及层次化构造网络,每个 IP 地址包括两个标识码(ID),即网络 ID 和主机 ID。同一个物理网络上的所有主机都使用同一个网络 ID,网络上的一个主机(包括网络上的工作站、服务器和路由器等)由一个主机 ID 与其对应。因此,IP 地址由网络地址和主机地址两部分组成。将 IP 地址分成了网络 ID 和主机 ID 两部分,设计者就必须决定每部分包含多少位。网络 ID 的位数直接决定了可以分配的网络数(计算方法为 $2^{网络ID位数} - 2$);主机 ID 的位数则决定了网络中最大的主机数(计算方法为

$2^{主机ID位数}-2$）。经过综合考虑，设计者最后聪明地选择了一种灵活的方案：将 IP 地址空间划分成不同的类别，每一类具有不同的网络 ID 位数和主机 ID 位数，即 A、B、C、D、E 类，分别对应大、中、小型网络以及多目的地址和备用地址。

IP 地址分为公有地址和私有地址，公有地址（Public Address）按上面介绍的分配方式进行分配。私有地址（Private Address）属于非注册地址，专门供组织机构内部使用。

我们目前使用的第二代 IPv4 技术，核心技术属于美国。它的最大问题是网络地址资源有限，从理论上讲，其地址资源为 1600 万个网络、40 亿台主机。但采用 A、B、C 三类编址方式后，可用的网络地址和主机地址的数目大打折扣，以至于 IP 地址已于 2011 年 2 月 3 日分配完毕。其中北美占有 3/4，约 30 亿个，而人口最多的亚洲只有不到 4 亿个，我国截至 2021 年 12 月 IPv4 地址数量达到 3.9 亿个，落后于 4.2 亿网民的需求。地址不足严重地制约了我国及其他国家互联网的应用和发展。一方面是地址资源数量的限制，另一方面是随着电子技术及网络技术的发展，计算机网络进入人们的日常生活，可能身边的每一样东西都需要接入全球互联网。在这样的环境下，具有更大地址空间的 IPv6 应运而生。

现在，IPv4 采用 32 位地址长度，约有 43 亿地址，而 IPv6 采用 128 位地址长度，基本可以无限制地使用地址，与 IPv4 相比，地址空间增加了 $2^{128}-2^{32}$ 个，有足够的地址资源。地址的丰富将完全删除在 IPv4 互联网上应用的很多限制，例如 IP 地址，每一个电话，甚至每一个带电的东西都可以有一个 IP 地址，真正形成一个数字化家庭。IPv6 的技术优势，目前在一定程度上解决了 IPv4 互联网存在的问题，这是 IPv4 向 IPv6 演进的重要动力之一。除此之外，IPv6 还具备一些优势，如图 7-7 所示。

IPv6 地址长度为 128 位，但通常写作 8 组，每组为 4 个十六进制数的形式，例如 FE80：0000：0000：0000：AAAA：0000：00C2：0002 是一个合法的 IPv6 地址。

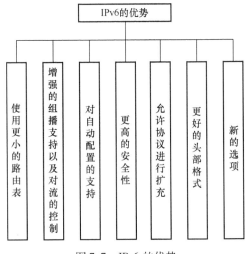

图 7-7 IPv6 的优势

IPv6 + 已经在全球部署超过 100 张网络，有效支撑了千行百业的数字化转型。未来，IPv6 + 将在超大带宽、泛在连接、确定体验、通感一体、智能原生和可信网络等方面持续创新，助力打造无处不在的智能 IP 连接，构建万物互联的智能世界。

7.2 信息通信资源管理的内容

7.2.1 eTOM 中的资源管理

信息通信资源管理是为实现企业的经营目标，对信息通信资源进行计划、组织、分配、协调和控制的管理活动。信息通信资源管理正在从传统的以面向运维为核心应用向以面向服务开通为核心应用的方向进行转变，信息通信资源管理也正在从传统的重点对"物理和逻辑资源的管理"向重点对"服务及服务提供能力的管理"的方向进行转变。信息通信资源生命周期是指从资源规划到资源退网期间的周期。信息通信资源生命周期包括规划、设计、工程、投入使用、维护和退网六个主要环节（见图 7-8）。

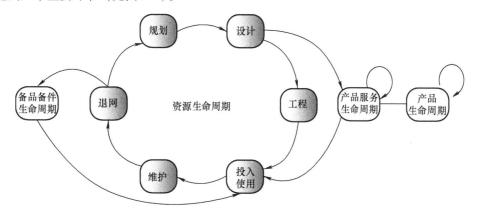

图 7-8　信息通信资源生命周期管理内容

资源规划是资源生命周期的起点，用于提供长期或年度的网络建设规划；资源设计提供基于网络规划蓝图下的具体网络设计；资源工程基于网络设计的结果来建设具体的专业网络；网络建设完成后，进入投入使用阶段和维护阶段；退网是资源生命周期的终结。

资源生命周期和产品服务生命周期、产品生命周期有密切的关系，通过资源设计来支持产品服务规格的设计和产品规格的设计，通过投入使用阶段的资源占用来支持产品服务实例的生成和产品实例的生成。

在最初的 TOM 商务过程框架中，"网络和系统管理"过程处于最高一级，也就是最通用的一级。但是这种结构在电子商务环境中是不够的。应用和计算管理与网络管理一样重要，而且必须以一种联合的、集成的方式逐步加强对网络、计算和应用资源的管理。为了满足这些需求，eTOM（增强型电信运营图谱）引入了"资源管理和运营"过程工作组（以及在 SIP 中相对应的"资源开发与管理"组），以便跨三种资源（应用、计算和网络）实现集成的管理。这些区域还结合了 TOM 的网元管理过程，因为与独立的过程相比，这些过程实际上是任何资源管理过程的关键成分。

由此，我们把信息通信资源管理分为能力需求管理、建设管理和运行管理，其中能力需求管理主要包括资源规划、计划，建设管理主要包括资源建设（工程）、入网（投入使用）和退网，运营管理主要是资源的运行维护。

7.2.2　信息通信资源管理对象

根据 eTOM 架构，对电信运营企业的资源管理主要是针对企业的网络基础设施（包括网络、局房、生产支撑系统）、业务提供与支撑平台的管理。

1）网络基础设施：网络基础设施类似于传统的承载网络，但其技术标准已经发生了巨大变化。具体来讲，下一代通信网络（NGN）是包含了光传输网、IP核心网、网络支撑（信令、同步，以及网管）系统、宽带接入，以及综合业务接入网等的高性能的通信软硬件系统，是向客户提供诸如语音、数据、图像、流媒体等各种通信服务的电信网络基础设施。

2）业务提供与支撑平台：电信网的业务能力集中体现在网络的这个层面，该网络的功能设计更加面向客户和市场。一方面，通过明确产品业务的定位和标准对其业务平台的基本功能模块形成规范的设计体系，以期具有更快更准的业务生成和执行能力，另一方面，通过业务计费系统、客户关系管理系统等业务支撑系统，达到对业务使用状况、客户特征等的深层次分析，以达到快速响应市场的效果，提升企业的业务竞争能力。

7.2.3 信息通信资源管理目标

随着信息通信技术的演进和发展，电信运营企业的网络资源功能日趋强大，结构日渐复杂，对其管理的难度也日益加大。但无论如何，作为一个经济实体，电信运营企业的资源管理最终是以企业价值最大化为目标的，而企业价值的最大化务必通过业务能力的有效发挥得以实现，运营商网络资源的管理是其创造价值的核心，总体来说，资源管理的目标如图7-9所示。

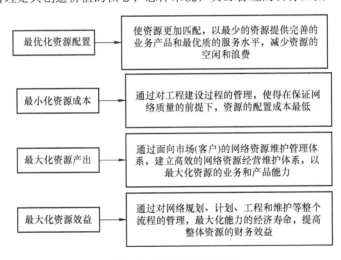

图7-9 资源管理的目标

7.2.4 信息通信资源管理的阶段及内容

从信息通信资源的生命周期来看，运营商对资源的管理划分为几个阶段（见图7-10）。

图7-10 资源管理阶段

第一阶段，资源需求管理：包括制定企业发展规划，进行资源配置，并编制投资计划。

第二阶段，资源建设管理：包括设备采购及工程建设过程，是能力的形成阶段。

第三阶段，运行维护管理：该阶段是对能力形成后的运营阶段进行性能方面的维护，通过日常的网络性能监控及维护系统对电信网运营状况进行实时监控，保证高质量运转。

图 7-11 所示为某通信企业利用 AI 技术生成工程质量 AI 分析系统分析光网质量的功能示例，图 7-12 展示了工程质量 AI 分析系统的实现方法。

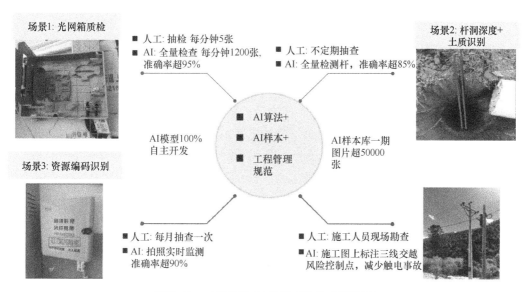

图 7-11　工程质量 AI 分析系统的功能示例

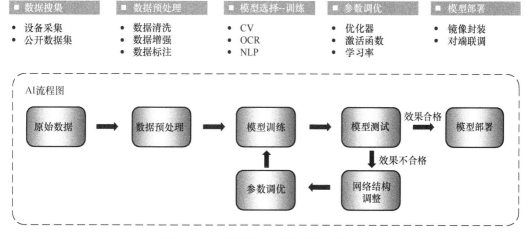

图 7-12　工程质量 AI 分析系统实现方法

第四阶段，能力分析与管理：包括两个层面的分析与后评估工作，其一是日常的投资效果分析工作，其二是投资后评估工作。

7.2.5 信息通信资源管理的重要性及意义

以光网为例，中国电信大力开展千兆光网、5G、云计算、数据中心等新型基础设施建设，其中在接入网层面，已经全面完成了接入网光纤化改造，建成了全球最大的光纤接入网络，并且率先在行业内开展千兆光网升级。截至2022年4月，光纤接入端口达到3.9亿个、覆盖5.4亿家庭；光纤接入用户2亿户，占总用户的95%以上；10G PON端口达500万个，覆盖2亿家庭，千兆能力行业领先。预计到2030年，中国电信将建成一个架构稳定、全网覆盖、低碳节能、行业领先的全光底座。

但是，千兆光网在基础网络投资中占比高，其组网模式多样、建设场景复杂，建设方案的合理性决定了建设和维护成本，是整个网络中最难管控的层级。接入机房选址、主干光缆和光交接设施的布局及结构、小区内分光方式和分纤箱位置都会对网络造价、资源利用率及后续维护成本造成较大影响。因此，光网的管理对企业具有十分重要的意义，这也同步映射出信息通信资源管理对企业的重要性。

7.2.6 数字时代下的可视化资源管理体系

电信运营商在数字化转型中作为信息基础设施的建设者、网络技术创新的促成者、数字经济重要的参与者、网络利国惠民的实施者，应积极践行数字化转型，提升运营效能，打造差异化竞争优势，实现全社会效率效益跃升。

实现网络资源可视化对于电信运营商来说是一个巨大的挑战。网络资源是国家重要战略基础设施，是电信网络和业务的主要载体，也是电信网络运维管理的重点和难点。网络资源涵盖范围广、体量大，涉及一干、二干、本地网、接入段等端到端物理及逻辑资源，其中无源资源占比量大，囊括运营商建网以来所有组网类型，从规划、建设到业务开通，维护调度，再到设备退网，全生命周期的管理链条长，逻辑关系复杂，需要从管理、流程上做好匹配，确保资源的所有更新都作为生产必要环节。同时限于早期网络资源管理不够规范，CT/IT协同不足，信息化水平不高，且缺乏资源动态更新的手段，大量存量网络资源不清晰、不可视，无法支撑业务快速开通、故障及时定位、资源精准配置、成本精确管理。因此全面深化推进网络资源可视化工作，实现网络资源数据的可控、可靠、可信、可视，是电信运营商数字化转型的必经之路。

中国联通以"全在线""端到端""可视化"为目标，以"问题导向""目标导向""政企优先""统筹推进""流程驱动""以用促准""机制赋能""动态更新"为基本原则，分业务、分场景、分层次科学有序推动，在网络资源可视化管理体系建设方面取得了显著成果，构建了如图7-13所示的数字化网络资源体系，如图7-14所示的政企接入资源清查手段以及如图7-15所示的全国统一网络资源管理平台。

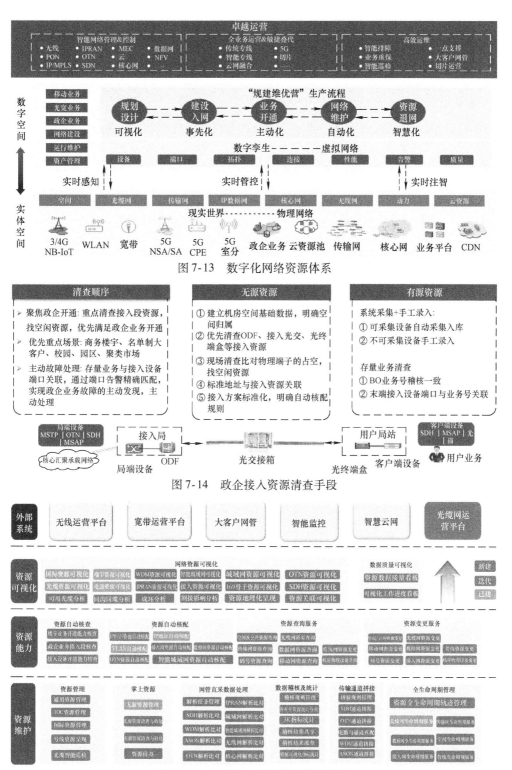

图 7-13 数字化网络资源体系

图 7-14 政企接入资源清查手段

图 7-15 全国统一网络资源管理平台

7.3 信息通信能力需求管理

从管理的流程来看，能力需求管理首先起始于企业的战略规划，根据市场业务发展前景，结合企业的战略规划，对企业的资源管理提出需求（见图 7-16）。资源规划是资源生命周期的起点，资源规划后形成年度投资计划，然后是设备的采购和工程建设，入网后资源移交给运营部门，最后多年运营后退网。

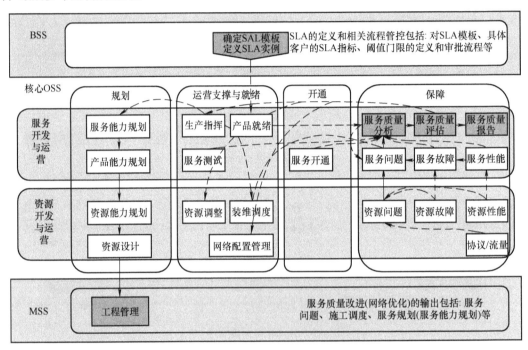

图 7-16　信息通信能力需求管理流程

7.3.1　信息通信资源能力规划

1. 信息通信资源能力规划的定义

资源能力规划是资源生命周期的起点，通过分析服务规划方案、网络发展需求和网络调整需求，规划出一段时间内满足客户需求所要具备的网络能力，并将其转为组网结构和设备需求，例如某公司的资源能力规划如图 7-17 所示。

资源能力规划对服务能力需求、产品能力需求和当前网络能力不足进行分析，规划出一段时间内满足服务能力需求所要具备的网络能力。资源能力规划对新增或变化容量的网络建设以最优方式进行计算，如带宽利用率、服务利用率、网元利用率。使用网络建模和模拟方式分析容量变化对网络的影响，分析潜在的瓶颈和对现网的影响。

资源能力规划根据不同的输入需求条件，分析确定何时、何地、需要多少网络能力的需求。

网络能力包括 IP 速率、传输带宽、交换端口、光纤网络部署等。

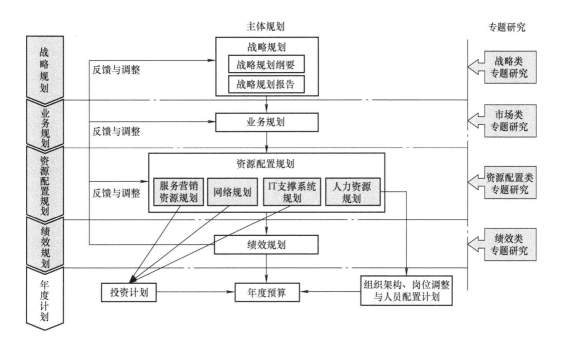

图 7-17　某公司的资源能力规划

2. 信息通信资源能力规划的方法

（1）资源配置方法

通过对"收入—业务总量—忙时业务量—能力—投资—资产"这条运营主线（图 7-18 中粗线标示的一些关键路径）的梳理，我们可以清晰地看到电信企业运营管理的各项职能及相应的各个部门在这个运营体系中的位置和作用。电信运营企业的资源配置应该贯穿于企业对资源应用的全过程，不仅要通过需求分析进行初始的规模设计、专业能力配置、建设方式选择等，还要在资源的使用过程中随时提取资源占用及运营现状，进行即时分析和信息处理，以达到循环式的动态配置，才可以最大限度地优化资源效益。在资源配置方面，电信运营企业的工程建设部门起着最为核心的作用。尤其是在传统的以话音通信为核心业务的电信运营模式下，企业的资源配置主要是对承载网络的能力建设，表现为对传输、无线以及核心网等各专业能力进行匹配，并通过工程建设及项目管理方式进行资源的实际建设，而工程建设部门处在整个运营主线的末端，也主要是以被动执行的方式执行着资源配置的计划。但随着运营转型，资源配置的职能已经涉及企业资源管理的其他环节，单独一个工程建设部门已经不能独立承担起资源配置的功能，工程建设也不再是供给资源的唯一方式，因此资源配置的职能范围逐渐扩展开，沿着运营主线伸展到了更多部门的职责范围。

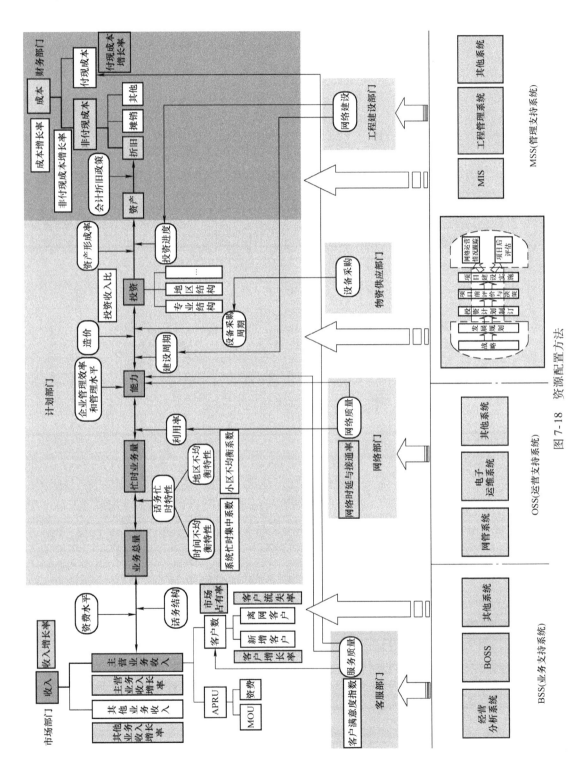

图 7-18　资源配置方法

（2）资源需求的结构化分析方法

为了获取产品的资源需求信息，产品分类是第一步，以分类为基础展开具体工作，则需要对产品的资源需求进行结构化分析。所谓资源需求的结构化，包含两个方面的含义，一是构成关系，即产品与资源的定性的对应（占用关系）；二是数量关系，即产品与资源的定量的关系（占用表单）。

对于具体的产品方案，当涉及资源配置时，就必须对该产品进行资源需求的结构化分析。结构化分析方法在通信网络资源领域已经相当成熟，以话音产品为例，通过将忙时话务量作为中间变量，客户的需求可以迅速转换为无线网的载波数需求和交换网的交换容量需求等。

1）产品资源占用关系分析方法。图 7-19 所示为解决方案 - 产品 - 资源占用关系模型。

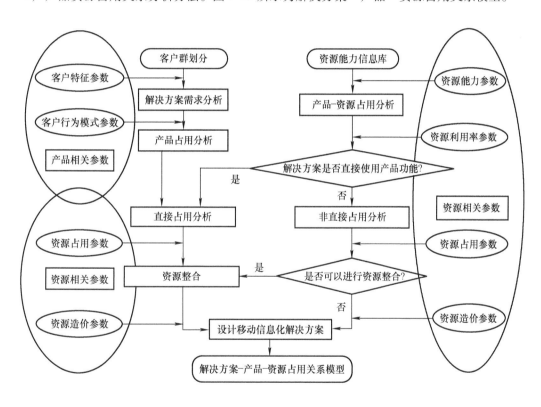

图 7-19　解决方案 - 产品 - 资源占用关系模型

该模型可以总结为图 7-20 所示的方法。

通过结构化分析，能够基本明确产品的资源需求，这些信息将作为产品规划中产品决策的成本依据，也是产品投产时资源配置计划的技术依据。

这种结构化分析方法需要实践经验的积累，但可以作为一种知识直接从外部获取，尤其是对于技术驱动型产品，作为技术方案提供方的供应商和合作伙伴，一般都在其附带的业务模型中使用结构化分析方法；而对于需求拉动型产品，则需要资源配置部门和产品开发部门紧密合

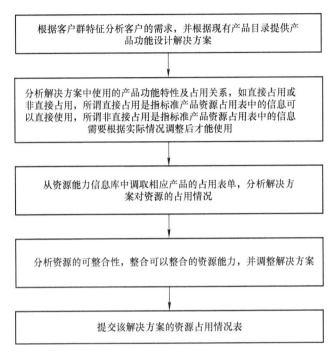

图 7-20　构建解决方案－产品－资源占用关系模型的方法

作,在结构化思路的指导下,从建立业务模型的基本假设出发,逐步细化资源占用,最终总结出相关产品的资源需求的结构化分析方法。

2) 产品资源占用表单。结构化分析得到的产品资源占用信息可以存入标准的产品资源占用表单,图 7-21 所示为一张产品资源占用情况的表单。

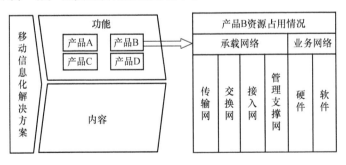

图 7-21　资源占用表单

一个解决方案由两个主要部分组成:功能和内容,功能又由许多个标准化产品组成,每一个标准化产品都应配备一个自己的产品资源占用表单,举例见表 7-3。

表 7-3　"机灵狗"的资源占用表单

产品名称	承载网资源能力	产品需求
"机灵狗"物品跟踪防盗抢捆绑服务	交换网	MSC（移动业务交换中心）开通定位服务
	无线网	地下停车场覆盖
	业务网资源能力	产品需求
	通用硬件	GSM 定位跟踪器（终端）
	通用硬件	"机灵狗"跟踪系统硬件
	通用硬件	Ericsson 高精度高灵敏度定位系统硬件
	专用软件	"机灵狗"跟踪系统软件
	专用软件	Ericsson 高精度高灵敏度定位系统软件
	专用服务	"机灵狗"热线
	BOSS	增加"机灵狗"和签约用户捆绑的定义方法和记录
	经营分析系统	"机灵狗"业务统计分析功能

（3）大数据赋能，基于区块链平台实现跨运营商 5G 网络联合精准规划

目前，中国电信与中国联通进行了 5G 网络联合规划，这是我国通信史上首次跨运营商的全国范围联合网络规划，其规模大、难度大、要求高。双方明晰策略，坚持聚焦，坚定共享，高低频协同打造 TCO 最优、全球领先的 5G 精品网。并以大数据为驱动，以精准建设方法论为抓手，统一模板及规划方法，提升了投资有效性。通过双方数据联合分析、AI 定位智能算法等大数据建模，识别电联高价值栅格群，实现了电联双方 5G 联合网络规划，资源联合精准调度，提出了基于四要素的精准建设方法论（见图 7-22）。

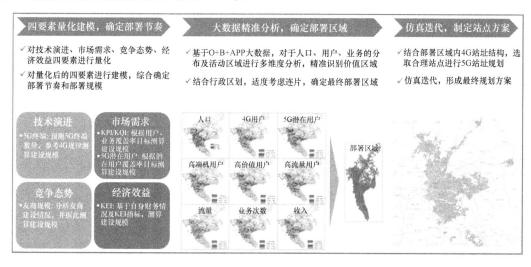

图 7-22　基于四要素的精准建设方法论

7.3.2　信息通信资源投资计划

1. 信息通信资源投资计划编制流程

资源规划提供年度或长期的网络建设规划。在我国，传统的固定资产投资计划方法（主要是年度投资计划）在很长的时间内仍然是电信运营企业构建其网络能力的核心手段，因此投资计划编制和项目建设实施等方式仍然是资源开发的最基础的手段。

一般来说，投资计划始于对业务发展的预测分析，然后经过业务发展–网络能力映射并生成资源能力需求，结合成本和造价分析生成投资测算，并进行后续的比较和调整以形成最终投资计划。资源建设前后分别进行投资效益评估和资源效益优化，如图 7-23 所示。

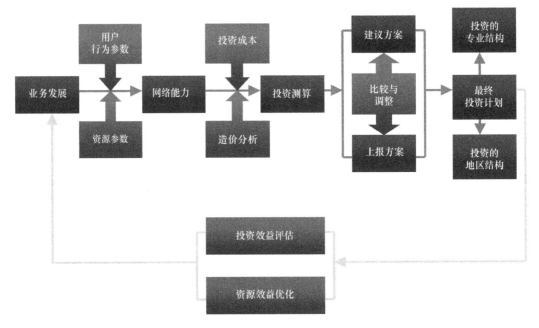

图 7-23　投资计划

2. 信息通信资源投资计划编制方法

投资计划编制方法主要是对投资总额的预测。

投资总额的编制主要是在预测的基础上进行的。下面我们主要介绍以下两种方法。

（1）对数回归加权方法

预测采用对数回归加权方法，这是一种历史趋势外推预测方法。它主要根据各历史年份的投资总额、客户总数和收入总值等数据，计算出每年单位客户投资额与单位收入投资额，然后分别依据单位投资额随时间变化趋势，应用函数曲线模拟外推，预测其未来年份数额，再分别根据单位客户投资额与单位收入投资额的预测值计算得出总投资额预测值 1 与总投资额预测值 2，最后应用线性加权方法对总投资额预测值 1 与总投资额预测值 2 进行加权汇总得到最终的总投资额预测值。

（2）逐项预测法

采用逐项预测法，就是将投资总额分为多个部分，分别对每一个部分进行预测，最后汇总得到总的预测值。该方法可以根据每个部分的重要程度来选择分配的投资额多少。

7.4　信息通信资源建设管理

7.4.1　信息通信资源建设管理的定义

能力需求完成后，将形成具体的投资项目计划。投资计划的实施过程就是能力的建设过程。电信运营商的能力建设管理包括两个典型的管理环节：项目（设备）采购管理和工程建设管理（见图7-24）。

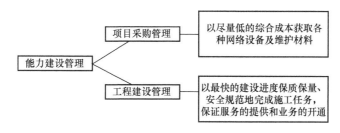

图 7-24　能力建设管理

信息通信资源建设管理，即根据资源设计，进行信息通信资源的建设。在我国的电信运营商中，主要由工程建设部（或工程建设中心）负责通信网络建设的管理。工程建设部通过项目管理的方式来进行通信网络建设，组织各项工程项目的实施，控制工程项目的进度、质量和成本。在世界范围内，电信运营商都不直接实施工程项目，而是通过将工程项目外包给电信施工承包商来建设，电信运营商主要做的是业主方的项目管理。

电信行业的工程建设可分为通信线路施工、通信设备的安装和调测、房屋建设和装修。

7.4.2　信息通信资源建设中的项目管理

1. 项目管理的定义和内容

在美国项目管理协会（Project Management Institute，PMI）所发布的项目管理知识体系（Project Management Body of Knowledge，PMBOK）中，项目是为创造一种独特产品或服务而进行的暂时性努力。国际标准化组织所颁布的 ISO 10006 则将项目定义为"由一组有启止时间的、相互协调的受控活动所组成的特定过程，该过程要达到符合规定要求的目标，包括时间、成本和资源的约束条件。"

可见，项目是一个有待完成的任务，有特定的环境和目标；在一定的组织、有限的资源和规定的时间内完成；满足一定的性能、质量、数量、技术、经济指标等要求。

项目管理是以项目为对象的系统管理方法，通过一个临时性的专门的柔性组织，对项目进行高效率的计划、组织、指导和控制，以实现项目全过程的动态管理和项目目标的综合协调与优化。

从系统的观点看，项目是一个系统，而项目管理则是一项系统工程。项目管理系统中包含了三个层次的管理活动，即基础技术层、组织层和制度层，它们与项目所处的环境相互作用，形成了项目管理的特定系统。项目管理的基本职能包括项目的规划计划、组织执行、控制与评价。

工程项目管理从内容上讲，已经有了比较成熟的理论基础，一般认为项目管理的内容可以归纳为"九大知识领域"，如图 7-25 所示。

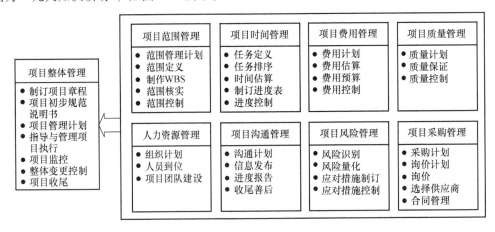

图 7-25　"九大知识领域"

2. 信息通信企业资源建设项目管理的内容和方法

电信运营企业的工程建设部门担负着网络建设的主要任务，是能力建设的主要管理部门。

对于传统运营企业，能力建设的内容主要表现为对承载网络基础设施的建设，工程建设部门的核心任务是按计划完成投资计划中已经明确的投资项目，组织和实施项目的建设过程，按质按量完成各期的网络能力建设任务。然而，竞争环境的变化和内部管理提升的要求对运营商工程管理水平提出了新的要求。

（1）对项目管理水平的要求

1）外部环境变化对工程建设部门提出新的要求。竞争环境对管理水平提出了更高的要求：实现对工程项目的有效管理，降低运营成本和投资风险，从而最有效地利用企业现有资源提高管理水平，更好地为业务发展服务。

新的业务环境提出了新的要求：新技术、新业务的引入，越来越多的工程项目呈现出周期短、时效性强的特点，对工程项目管理的灵活性、有效性等都提出了更高的要求。

项目管理标准化趋势的要求：尽快建立起符合国际标准的企业项目管理（Enterprise Project Management，EPM）制度，才能提高企业的竞争力。

2）内部管理的发展对管理体系提出了更高的要求。计划、工程实施、效益评估闭环管理的需要：投资的最终效益体现需要工程实施以及后评估的科学化管理作为保障。

统一和规范管理措施的需要：目前，电信运营企业工程建设任务的难度日益加大，运营企业的工程建设部门为了更好地完成各项扩容工程任务，充分发挥各分公司的积极性，调动社会上的相关资源，在放权的同时也相应推出了一系列的工程管理措施和考核办法，但这些措施还未能统一、规范，在实际操作过程中难免会有些冲突和不当之处，指导性和使用性都不够，而且工程管理毕竟是电信运营管理体系中的一个环节，需要多方的通力配合，但是体系完整性依然欠缺。

组织重整的需要：一般企业没有充分认识项目管理的重要性，或者认为项目管理的实施是一个简单的过程。理由通常包括：凭经验行事；高层管理者的主要工作是决策，下属才需要项目管理训练；无暇顾及项目管理。然而，管理层与下属间存在的项目管理知识落差形成的风险，使项目管理机制可能面对不同制度、文化与工作语言等方面的挑战。

（2）解决问题的思路

作为一个企业的职能管理机构，工程建设部门的问题是对所有工程任务的综合管理问题。它需要在单个项目管理知识和技能都比较熟练的基础上，从组织、流程等方面对管理的模式进行统一和规范，是表现工程建设部门项目管理的成熟度层面问题。工程建设部门迫切需要做好的是项目管理体系的整体规划，形成项目管理的综合模式以及统一规范的管理体系，并在此基础上建立起以工程建设部门为中心，多部门沟通共享的项目管理平台系统。

大数据与项目管理的融合是目前众多企业的优选，如某企业的数据驱动千兆光网精细化管理方案中，在项目管理模式方面，提出了有线无线协同建设，通过大数据分析准确定位家宽、政企和无线客户，统筹建设机房、电源和主干光缆等基础设施的规划方法。按小区维度进行标准化立项管理，拉通工程、资源和业务 IT 系统数据，建立了前评价、后评估的闭环管理流程。通过资源的精准投放和跨专业统筹使用，提高了资源使用效率和投资效益，充分发挥了大数据的作用。

（3）基于项目管理成熟度理论的电信运营企业工程管理体系及运作模式

通过对上述问题的分析可知，工程项目管理的目的是提升部门的整体项目管理水平。要达到这个目的，需要按图 7-26 所示的几个步骤来进行。

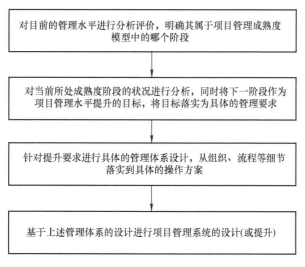

图 7-26　达到工程项目管理目的的步骤

在数字化时代下，数字化管理手段应运而生，企业应综合已有的工程管理系统、资源管理系统等，融合高新技术以便开发出更新、更高效、更全面的数字化系统，从而进行精细化管理。

相关科普

国际项目管理协会（International Project Management Association，IPMA）是总部设在瑞士洛桑的全球项目管理非政府组织。国际项目经理资质认证（International Project Manager Professional，IPMP）是国际项目管理协会在全球推行的四级项目管理专业资质认证体系的总称，具有广泛的国际认可度和专业权威性，代表了当今项目管理资格认证的最高国际水平。

7.5 信息通信资源运维管理

7.5.1 eTOM 定义的信息通信资源运维管理

1. 资源运维管理的定义

信息通信网络运行维护是电信运营商的常态管理内容。为了保证所有信息通信业务的质量满足客户需求，需要对网络资产的运行状况进行实时监控和分析，并建立一定的预警机制，以尽量避免设备故障及业务投诉等非正常事件的发生。

资源运维管理作用于资源入网和退网之间的阶段，其任务是保证基础设施平稳地运转，可为服务和员工所用，并响应客户、服务和员工的直接或间接的需求。资源运维管理还有一个基本功能：收集与资源有关的信息，对这些信息进行集成、关联、总结，然后把相关信息发送给服务管理系统或者在适当的资源中采取一定动作。

在最初的 TOM 流程框架中，"网络和系统管理"流程处于最高一级（即最通用的一级）。但是这种结构在电子商务环境中是不够的。应用和计算管理与网络管理一样重要，而且，必须以一种联合的、集成的方式逐步加强对网络、计算和应用资源的管理。为了满足这些需求，eTOM 引入了"资源开发与运营"流程工作组（以及在 SIP 中相对应的"资源开发与管理"组）以便跨三种资源（网络、计算和应用）实现集成的管理。

参考国际标准 eTOM 流程框架的划分方法（见图 7-27），资源的运营管理与服务的运营管理一样，分为运营支撑与就绪域、开通域和保障域。运营支撑与就绪域面向规划域、开通域和保障域提供覆盖全业务、全网络的资源支撑和就绪功能；开通域根据服务开通的需求，实现开通的流程管理，结合运营支撑与就绪域完成端到端的资源开通功能。保障域对运营提供保障支撑，实现数据采集、数据分析和流程管理，结合运营支撑与就绪域完成端到端的资源保障功能。

2. 信息通信资源的运营支撑与就绪（见图 7-28）

（1）资源测试管理

测试工具管理服务测试所需要的测试工具、测试头，包括测试资源管理、测试路由管理、测试资源适配等。

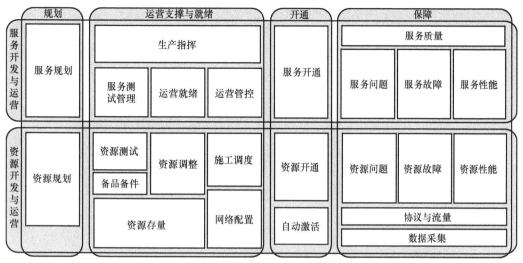

图 7-27 国际标准 eTOM 流程框架划分

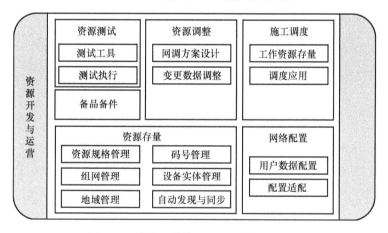

图 7-28 信息通信资源的运营支撑与就绪

测试执行对测试流程进行执行和管控，包括测试请求接收、测试方案选择、测试资源分配、测试执行、测试结果分析和测试结论反馈等。

（2）资源存量管理

资源存量管理包括对资源规格和资源实例的管理，管理范围包括网络、计算和应用资源。

资源规格管理包括资源规格定义、资源规格之间的关联关系定义、设备相关的模板定义和资源目录的管理。

组网管理关注网络的复合组网和逻辑组网。

地域资源指电信承载通信资源/电信网络资源的共有空间资源和客户地址资源。地域管理分为逻辑地域和地理地域两部分，其中逻辑地域包括行政区域的管理、维护区域的管理和资源覆盖区域的管理；地理地域包括标准地址和空间坐标点/集的管理。

码号管理的对码号资源、机身码/鉴权码、IP地址、卡类资源进行管理。

设备实体管理的范围包括网络设备、连接设备、IT设备等。

自动发现与同步通过主动或被动的方式获取网络的变化，将数据提供给存量管理、配置管理，以进行数据的比对和同步。

（3）资源调整管理

网络调整（网调）方案设计基于存量数据，设计并确定具体的网调方案（见图7-29）。

变更数据调整对变更涉及的数据提供封锁，对网络调整涉及的存量数据进行修改。

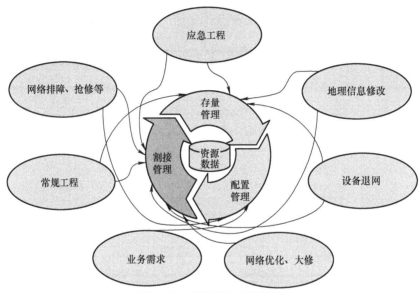

图7-29　网络调整方案设计

（4）施工调度管理

施工调度是指为了充分有效地使用人力、工具和信息资源，对相关信息进行最优化整合，统一支撑电信业务的售中开通服务和售后保障服务，对人力资源、设备资源进行统一调配，实现有效的工作资源调度，体现对客户的差异化服务，提高客户服务质量，高效率地为电信整个售后服务体系提供强有力的支撑手段。

工作资源存量管理是对进行通信资源使能所需的人力和工具资源进行管理，包括工作资源管理、材料管理、预约能力管理、工时池管理等。其中人力包括外包人员、代维公司人员等，工具资源包括施工车辆和施工工具。

调度应用主要包括调度就绪和调度过程的管理，包括调工单接收、工单调度、工单施工、工单竣工等。

（5）网络配置管理

用户数据配置管理维护用户属性，这些用户属性与智能型、漫游型、增值型等业务的触发和控制相关。

配置适配完成配置数据在接口协议、多厂商、多技术层面的适配。

（6）备品备件管理

备品备件管理用于支撑备品入库、备品订购、备品盘点、备品报废、备品领用、备品维修、管理调拨等管理流程，并提供备品预警管理。

3. 信息通信资源的开通（见图 7-30）

（1）资源开通管理

资源开通承接服务开通，与施工调度共同支撑服务开通以完成服务开通流程。

资源配置工单支持服务配置实现在资源层的网管类配置施工、内线施工、外线施工、终端施工等功能。

资源设计与分配支持服务开通过程中的资源分配流程，完成在存量管理中的资源分配。

客户方案设计是正式业务受理前的预处理过程，即服务开通根据 CRM 受理的客户业务意向形成需求单，向资源存量管理发送资源方案设计请求，由其查询相关资源、确定资源组网方案和方案成本估算，最终反馈方案的过程。资源存量管理需根据服务开通记录的 CRM 请求决定是否需要"资源预留"。

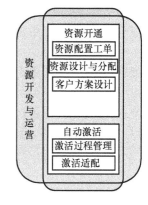

图 7-30 信息通信资源的开通

（2）自动激活管理

自动激活将客户业务在网络上自动激活实现，为相关业务流程提供自动查询和测试服务能力，确保对网络层相关客户业务信息自动处理能力进行封装。

激活过程管理根据综合网络激活过程框架展开，包括工单接收、激活控制、指令生成、网元施工和工单竣工等功能。

激活适配完成与网络在接口协议、多厂商、多技术层面的适配。

4. 信息通信资源的保障

信息通信资源的保障包含了资源问题、资源故障、资源性能、协议与流量、数据采集等管理。各部分具体内容如图 7-31 所示。

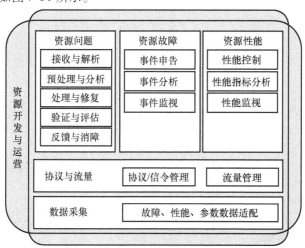

图 7-31 信息通信资源的保障

7.5.2　电信企业信息通信资源运维管理体系

1. 电信企业信息通信资源运维管理内容

电信企业的网络运维管理包括网络运行与网络维护两部分。网络运行管理主要是对通信逻辑网络进行面向网络和业务的实时监控和分析，合理调配资源，保证网络质量及业务开通，该部分职责由网络管理中心完成，包括资源管理、运行监视、数据配置、性能分析、故障管理和网络调度控制等集中的监视和控制工作。网络维护管理则是对通信物理网络的非实时维护管理，工作重心在故障的监控和处理，实时监控网元的工作状态，并及时处理故障，其主要职责由维护中心完成，包括故障处理、故障管理、日常维护作业计划等集中化维护工作。

网络运维在电信网络能力管理体系中具有非常重要的地位，它为整个网络的正常运转提供实时的支撑，运维管理在电信运营体系中肩负着五个重要的功能角色：资源管理中心、运营监控中心、服务保障中心、网络保障中心和成本控制中心。

从具体职责来看，网络运维管理包括：运维工作协调管理、目标运维、指标维护、规程维护、工作流程的制定、网元设备管理、入网管理、设备质量评价、电信附属设施管理、维护作业组织架构、网络与设备运行维护质量的监督检查、新技术及新业务引入的管理等。

（1）按照职责内容分层

将所有运维管理职责按照其内容，以及与运营企业核心业务的紧密程度来归类，这些职责可以划分成四个层次，如图 7-32 所示。

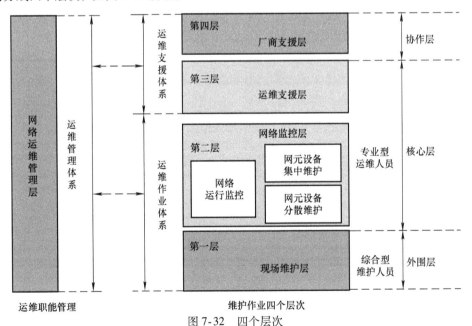

图 7-32　四个层次

1）第一层——现场维护层。

职责：机房值守、例行维护、设备硬件更换、测试、设备备件管理及仪表管理。

2）第二层——网络监控层。

职责一：网络运行监控，具体包括网络监视、网络控制操作、网络性能分析与报告、网络运行指挥调度、网络运行资源管理、网络运行数据管理、话务及流量管理控制、网络保护恢复、运行质量管理、网络管理策略和计划制定、网管生产工作流程的制定。

职责二：网元设备集中维护和网元设备分散维护，具体包括系统软件维护、硬件维护、设备运行性能分析与测试、故障处理、设备指配、设备备件管理及仪表管理。

3）第三层——运维支援层

职责：网络及系统软件、设备硬件疑难问题的解决、网络应急、预警、预案的制定、网络重大技术引进及改造的参与、技术培训、运维支撑系统开发与维护支持。

4）第四层——厂商支援层

职责：网络疑难问题、重大问题的最终解决者。

（2）按照组织功能分层

从另一个角度，我们可以将运维职能按照其在运维组织中所发挥的功能分为管理层职能和操作层职能。

1）管理层。管理层职能和操作层职能都面向网络的运行维护管理工作，管理层职能主要研究如何提高网络运行效率和效益，规定网络运行质量，规范操作层职能。对于网络的运行操作行为，管理层职能不涉及操作层职能的工作，主要由各层组织相应的行政领导负责。

2）操作层。操作层职能主要保证网络日常的运行质量和设备的维护质量。因为维护作业高度集中，所以维护工作建立了多级技术支持保障体系，一般为四层，如图7-33所示。

网络运维管理的目的是在最大效率利用网络的同时，保证业务不中断和网络质量及快速反应。网络运维管理发展趋势是面向业务的管理，最大目标是保障客户业务，当网络故障产生时，最先反应的是网络运维管理部门，在网络能力允许的情况下和客户可容忍的时间范围内首先调通和恢复业务，然后在规定的抢修时间内将故障修复。

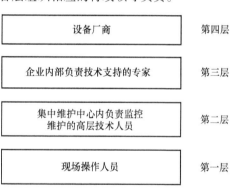

图7-33　维护工作的四个层次

（3）按照运维管理功能分层

电信运营企业的运维管理类似于制造业的生产作业过程，起着相当重要的作用。

运维管理的功能可以从多个维度来分析。图7-34所示，电信运维管理在网元管理层、网络管理层、业务管理层、事务管理层四个层次上均发挥着故障管理、配置管理、性能管理、安全管理、账务管理的功能。当然在不同管理层次上，同样功能所对应的管理内容是不同的。

2. 电信企业信息通信资源运维管理体系

电信网运维管理体系，是为满足电信网络运行维护的要求所建立的各项组织生产与管理要素的集合。

图 7-35 所示的运维管理体系充分体现国内电信运营企业集团公司—省公司—地市公司在网络运维职责上的衔接以及网络运维与产品市场、资源配置、人力资源、财务以及合作伙伴的密切关系，体现了网络运维与企业综合管理能力的充分融合。

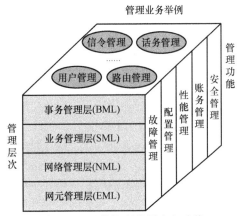

图 7-34 运维管理的层次和功能

从未来趋势可以知道，网络运维体系将向网络运营体系演进。网络运维体系包括网络运行和网络维护，而网络运营体系则在运维体系上又增加了网络经营。也就是说，网络运维不再仅仅关注技术层面的问题，它将融合更多的企业经营理念，成为企业经管层面的核心问题，并构成企业的核心竞争能力。

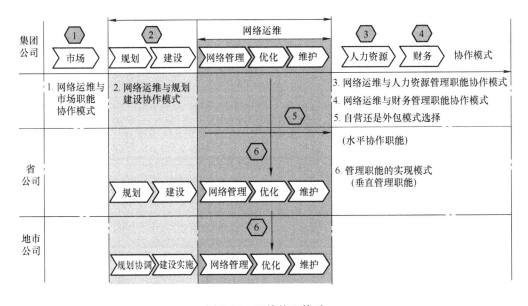

图 7-35 运维管理体系

7.6 本章总结

信息通信资源管理分为能力需求管理、建设管理和运维管理，其中能力需求管理主要是资源规划、计划，建设管理主要是资源建设、入网和退网，资源的运维管理主要是资源的运行维护。

1. 课后思考

1）信息通信资源有哪些类型？

2）信息通信资源管理的核心职能有哪些，分别包括什么？

3）信息通信资源管理的目标是什么？

4）信息通信资源管理的能力需求管理中如何预测投资总额？

5）信息通信资源的建设管理分为哪几个部分，分别有什么目的？

6）信息通信资源的运维管理在电信运营体系中担任了什么角色？

7）信息通信资源的运维管理有哪些职能？

2. 案例分析

近年来，随着通信产业大规模建设，很多网络建设公司业务不断拓展，建设过程中很多问题也随之而来。

由于很多企业承接的大部分工程工期较紧，对如何完成工程任务，可能常常没有时间制定一个详细可行的实施计划，而如果相关人员急于进入工程实质性的实施阶段，那么就容易忽视工程前期准备工作，往往会凭借经验开展工作，等问题出现了再想办法解决，可能导致工程后期暴露出许多问题。因此，工程前期准备工作相当重要，只有充分准备，做好计划，对工程进行预测管理，才能确保工程的顺利进行。

通信工程工地分散，工程涉及面广，合作单位繁多，且工期一般较短，因此更有必要采取科学的管理手段，整合各种资源，对工程进行有效的管理。目前，在移动通信工程建设管理中，可能很多是凭借经验进行管理，对整个工程没有科学的、有效的管理手段。如在工程成本管理上，多使用行政手段，没有对成本的构成进行详细分析，并从本质上进行成本管理。工程完工后，很少进行项目后评估或评估只是流于形式。这主要是由于参与工程建设的人员（从具体施工人员到管理人员）多数缺乏管理及经济方面的知识。

思考：

通过案例分析，根据管理相关知识为网络建设企业制定一个合理的解决方案。

3. 思政点评

从案例中可知，问题的发生主要是由于企业的相关管理人员对如何完成工作任务没有提前制定详细可行的实施计划，而急于开展工程，等遇到问题了再想办法解决。

未雨绸缪防祸患，居安思危划未来。孔子主张"安而不忘危，存而不亡忘，治而不忘乱"。孟子也道"生于忧患，死于安乐"。我们所处的时代充满了未知的挑战和机遇，我们所要做的，就是要在时代浪潮中，保持一颗居安思危、未雨绸缪的心。做好对未来的规划，树立明确的目标，为之而努力奋斗。